Mohammed Abass
Hussein Al-Ghobari
Elkamil Tola

Comparativo da rega gota-a-gota superficial, subsuperficial e "Kapillary"

Mohammed Abass
Hussein Al-Ghobari
Elkamil Tola

Comparativo da rega gota-a-gota superficial, subsuperficial e “Kapillary"

Impacto da profundidade de instalação

ScienciaScripts

Imprint

Cover image: www.ingimage.com

This book is a translation from the original published under ISBN 978-3-659-85335-7.

Publisher:
Sciencia Scripts
is a trademark of
Dodo Books Indian Ocean Ltd. and OmniScriptum S.R.L publishing group

120 High Road, East Finchley, London, N2 9ED, United Kingdom
Str. Armeneasca 28/1, office 1, Chisinau MD-2012, Republic of Moldova, Europe
Managing Directors: Ieva Konstantinova, Victoria Ursu
info@omniscriptum.com

Printed at: see last page
ISBN: 978-620-8-37583-6

Índice

Agradecimentos

Antes de mais, gostaria de agradecer a "Deus Todo-Poderoso" por me ter dado a vida, a paciência, a audácia, a sabedoria e por ter tornado possível começar e terminar este trabalho com sucesso.

Durante esta importante fase da minha vida, gostaria de reconhecer todo o apoio, orientação e paciência prestados pelo meu supervisor, **Prof. Hussein Mohammed Ali Al-Ghobari**. Também preciso de agradecer a todos os que me deram a grande oportunidade de participar neste importante projeto. Os meus profundos agradecimentos vão também para a **KACST** que financiou este projeto (projeto NO:**A-S-12-0935**).

Gostaria também de expressar os meus agradecimentos a todo o pessoal do departamento de engenharia agrícola e a todos os membros da Cátedra de Investigação em Agricultura de Precisão (**PARC**) pelo seu apoio.

Alcançar este marco não teria sido possível sem o apoio de Deus e da Universidade King Saud, que me guiou através das melhores escolhas na vida. Obrigado à minha família (pai, mãe, esposa e irmão) que sempre foi um bom exemplo de dedicação, força, determinação e amor. Quero agradecer a toda a minha família, no fundo do meu coração, por confiarem em mim e estarem sempre certos do meu sucesso.

Lista de abreviaturas

CF	Conventional Furrow.
CRZI	Capital Root Zone Irrigation system.
Cu	Coefficient of Uniformity.
DIS	Drip Irrigation System.
Du	Distribution uniformity.
I_{50}	50% Level of Irrigation.
I_{100}	100% Level of Irrigation.
KISSS	Kapillary Irrigation Sub-Surface System.
$KISSS_{15}$	Kapillary Irrigation Sub-Surface System at depth 15cm.
$KISSS_{25}$	Kapillary Irrigation Sub-Surface System at depth 25cm.
LEPA	Low Energy Precision Application.
LESA	Low Elevation Spray Application.
MESA	Mid- Elevation Spray Application.
NS	Neutron Scatter Method.
REHN	Type of line pipes.
SF	Surge flow Furrow.
Sis	Sub-surface Irrigation System.
SIS_{15}	Sub-surface Irrigation System at depth 15cm.
SIS_{25}	Sub-surface Irrigation System at depth 25cm.
SM100	Soil Moisture Sensor.
VWC	Volumetric Water Content.
WUE	Water Use Efficiency.

Resumo:

O abastecimento de água no Reino da Arábia Saudita é o fator-chave no desenvolvimento dos processos agrícolas. Uma revisão da literatura mostrou que o sistema de irrigação de superfície e sub-superfície tem o potencial de alcançar uma elevada eficiência na utilização da água, bem como reduzir a drenagem e o escoamento e os riscos ambientais associados. No entanto, as desvantagens do Sistema de Irrigação por Gotejamento (DIS) e do Sistema de Irrigação por Subsuperfície (SIS) incluem o "afunilamento" e a má humidificação da superfície do solo. A pesquisa relatada nesta tese, avaliou formas de superar esses problemas, incluindo o produto Kapillary Irrigation Subsurface System (KISSS), que tem uma faixa estreita de material impermeável abaixo da fita de gotejamento, e geotêxtil acima que levou a água do solo movida para cima com ação capilar maior do que DIS e SIS. Portanto, os principais objetivos desta pesquisa foram estudar a viabilidade de economizar água através do uso de irrigação capilar em comparação com o sistema de irrigação subsuperficial convencional, e comparar ambos os sistemas de irrigação subsuperficial com o sistema de irrigação por gotejamento de superfície. O estudo também avaliou o efeito da quantidade de água aplicada na eficiência dos sistemas de irrigação testados, estudando os padrões de humidade do solo.

O trabalho de investigação foi realizado na quinta pedagógica da Faculdade de Ciências da Alimentação e da Agricultura da Universidade King Saud, em junho de 2012, num solo franco-arenoso. As experiências foram realizadas sob dois níveis de irrigação: (i) Nível 1 (2 horas × 4 litros/h, ou seja, nível 100%), (ii) Nível 2 (1 hora × 4 litros/h, ou seja, nível 50%). As observações foram recolhidas a 4 profundidades do solo a partir da superfície do solo (7,5, 20, 30 e 50 cm) e a 4 distâncias horizontais do emissor (0, 10, 15 e 25 cm). As medições foram efectuadas 24 e 48 horas após a rega. Os dois sistemas de irrigação subsuperficial (convencional e kapillary) foram testados em duas profundidades de solo (15 e 25cm) e comparados com o sistema de irrigação por gotejamento. Os experimentos foram conduzidos em três repetições.

O principal resultado da pesquisa é que a profundidade do solo de 7,5 cm, 24 horas após a irrigação, o coeficiente de uniformidade (Cu) para KISSS foi maior em comparação com o sistema de irrigação por gotejamento (DIS) e sistema de irrigação subsuperficial (SIS) na direção horizontal ao longo da lateral. O estudo mostrou que para o KISSS e SIS, quando instalado a uma profundidade de 25 cm, o Cu foi de 98,43% e 85,9%, respetivamente, enquanto que para o DIS foi de 86,5%. Mas quando foi instalado a uma profundidade de 15 cm, o valor de Cu foi de 95,69%. Os mesmos resultados foram observados 48 horas após a irrigação, o coeficiente de uniformidade do KISSS foi maior do que o do SIS e do DIS.

A simulação dos padrões de humedecimento mostrou que o sistema de rega subsuperficial kapillary move a água para cima e para fora, para a zona radicular, à taxa de absorção natural do solo, molhando efetivamente grandes áreas do solo. Enquanto que para o sistema de irrigação subsuperficial a maior parte da água moveu-se para baixo e levou à percolação profunda. O conteúdo volumétrico de água a uma profundidade de 50 cm no perfil do solo, para a SIS15 foi de 18,7 a 22,4%, e de 12,38 a 13,78% para a KISSS15. Já o SIS25 foi superior ao KISSS25 e ao DIS. A simulação dos padrões de humidade do solo mostrou que, em geral, a maior parte da humidade do solo no KISSS foi deslocada para as profundidades próximas da superfície e diretamente acima das laterais de irrigação. Os resultados do estudo, que delineou, podemos dizer que o sistema de irrigação kapillary deu o melhor teor de humidade do solo, especialmente para as profundidades perto da superfície no perfil do solo, e estas profundidades são consideradas importantes para as plantas, especialmente nas fases de crescimento vegetativo, onde a raiz é curta.

1. Introdução

A agricultura desempenha um papel económico e social significativo na economia do Reino da Arábia Saudita através da sua contribuição para a segurança alimentar, a diversificação da economia saudita, o combate à desertificação e o reforço do equilíbrio ambiental, a criação de oportunidades de emprego para a população rural e o aumento do seu rendimento e bem-estar, bem como o aumento da taxa de crescimento da economia.

Multsch, et, al. (2011) ilustraram que a maior parte da utilização total dos recursos hídricos é exigida pelo sector agrícola, com uma média de 80% à escala global e 90% na Arábia Saudita. As condições de grande aridez limitaram a produção agrícola e a dimensão da população na Península Arábica ao longo dos milénios. No entanto, a Arábia Saudita, um dos países mais secos e quentes do mundo, situa-se aproximadamente entre as latitudes norte 17° e 31° e as longitudes leste 37° e 56°. Exceto nas montanhas do sudoeste, a precipitação média anual no Reino varia entre 80 mm e 140 mm. As temperaturas máximas no verão excedem frequentemente os 45°C, a humidade relativa é muito baixa e o céu está limpo a maior parte do tempo (Alkolibi, 2002).

Mirza e Khodran (2012) referiram que, historicamente, a agricultura em pequena escala era praticada pela população rural com a ajuda de nómadas (beduínos) nas zonas rurais. Com terras aráveis limitadas e pouca vegetação, os beduínos foram obrigados a criar o seu gado de forma nómada. No entanto, na década de 1970, foram iniciados esforços sérios para o desenvolvimento da agricultura com o objetivo de garantir a segurança alimentar. No entanto, a agricultura foi objeto de atenção pela primeira vez no primeiro plano de desenvolvimento do reino.

Existem vários tipos de métodos de rega. O método de irrigação de superfície utiliza a superfície do solo para espalhar a água através de um campo ou pomar para as plantas que estão a ser irrigadas. Na rega por aspersão, a água é aplicada em todo o campo por meio de aspersores ou mini-aspersores ligados a um sistema lateral pressurizado.

O sistema de rega gota-a-gota (DIS) é por vezes designado por rega gota a gota e consiste em gotejar água no solo a taxas muito baixas, de 2 a 20 L/h, a partir de um sistema de tubos laterais de plástico de pequeno diâmetro, equipados com saídas denominadas emissores ou gotejadores. A água é aplicada perto das plantas, de modo a que apenas a parte do solo em que as raízes crescem seja molhada. Ao contrário da rega de superfície e por aspersão, esta envolve a humidificação de todo o perfil do solo. Com a água de rega gota a gota, as aplicações são mais frequentes (normalmente a cada 1-3 dias) do que com outros métodos, o que proporciona um nível de humidade elevado muito favorável no solo, no qual as plantas podem florescer.

O sistema de irrigação por subsuperfície (SIS) é um método mais avançado de irrigação que facilita a irrigação de culturas/plantas com pequenas quantidades de água através da fita em T colocada abaixo da superfície do solo. A profundidade da fita em T e a necessidade de água dependem do tipo de solo e da cultura que está a ser observada. Um dos aspectos mais comumente discutidos do sistema (SIS) é a profundidade de instalação da lateral de gotejamento. Também o sistema de irrigação por subsuperfície (SIS) é uma alternativa à irrigação por gotejamento convencional, que pode se tornar uma opção atraente para os produtores de hortaliças, pois o custo ao longo da vida do produto pode ser menor do que com a fita de superfície, e porque reduziu a lavoura usando camas semi-permanentes.

O sistema de irrigação sub-superficial Kapillary (KISSS) movimenta a água à taxa de absorção natural do solo, criando um padrão de humedecimento uniforme ao corresponder às propriedades de absorção capilar do solo. O sistema KISSS funciona através da pulsação da água através de linhas de rega laterais sub-superficiais para um tecido geotêxtil que, utilizando a sua própria ação capilar, dispersa a água no solo na zona das raízes ou abaixo dela. O tecido geotêxtil mantém a uniformidade da humidade ao longo do seu comprimento e permite que o solo absorva a água conforme necessário, a um ritmo mais lento e eficaz. O KISSS move a água para cima e para fora, para a zona das raízes, à taxa de absorção natural do solo, molhando eficazmente grandes áreas do solo. O KISSS controla o fluxo de água para o solo seco quando ocorre a saturação, resultando num padrão de humedecimento uniforme.

2. Objectivos da investigação:

1. Estudar a distribuição dos padrões de humidade do Sistema de Irrigação Subterrânea Kapillary Irrigation (KISSS) e do Sistema de Irrigação Subterrânea convencional (SIS) a diferentes profundidades do solo nas condições de Riade.

2. Comparar os padrões de distribuição da humidade do solo de cada sistema (KISSS, SIS e DIS) utilizando um software de computação gráfica SURFER10.

3. Comparar o efeito de diferentes sistemas de irrigação e profundidades do solo na quantidade de água armazenada no perfil do solo.

4. Com base nos resultados do estudo, fazer algumas recomendações e sugestões aos gestores de rega e aos agricultores para os ajudar a melhorar a eficiência dos seus sistemas de rega.

3. Revisão da literatura

3.1. Visão geral dos sistemas de irrigação:

A irrigação pode ser definida (Kursat, et al. 2011) como o fornecimento de água por métodos artificiais e é necessária se a água não puder ser fornecida suficientemente através da precipitação natural para o crescimento das plantas durante a produção agrícola. Os sistemas de irrigação podem ser classificados como sistemas de pequena escala ou de grande escala. Os sistemas de irrigação de pequena escala compreendem geralmente uma única ou uma rede de pequenas massas de água e canais, que fornecem água para irrigar áreas de cultivo locais.

Em muitos casos, a gestão é descentralizada e é normalmente conseguida através de pequenos grupos de utilizadores. Os sistemas de irrigação em grande escala, no entanto, são compostos por reservatórios maiores ou "tanques" que alimentam uma rede de canais de irrigação. Estes sistemas tendem a ser planeados e organizados a nível regional e irrigam vários milhares de hectares de terras de cultivo. São normalmente geridos centralmente por instituições como uma autoridade de irrigação ou um departamento de obras públicas que são externos à comunidade (Pollock, 2005).

A gestão da água de rega envolve a determinação do momento de regar, a quantidade de água a aplicar em cada rega e durante cada fase da planta, e a operação e manutenção do sistema de rega. O principal objetivo da gestão é gerir o sistema de produção para obter lucro sem comprometer o ambiente e de acordo com a disponibilidade de água. Uma das principais actividades de gestão envolve a programação da rega ou a determinação do momento e da quantidade de água a aplicar, tendo em conta o método de rega e outras caraterísticas do campo (Eduardo, et al. 2009).

3.2. Tipos de irrigação:

A água de irrigação pode ser aplicada a uma cultura através de vários métodos de irrigação diferentes, incluindo: irrigação de superfície, irrigação por aspersão e micro irrigação.

A irrigação de superfície é amplamente utilizada em todo o mundo devido à sua simplicidade e aos baixos custos de capital (Behrouz, et al. 2009). Para além disso, os sistemas de rega de superfície têm a maior quota de agricultura de regadio em todo o mundo. O desempenho dos sistemas de irrigação de superfície depende muito do processo de conceção, que está relacionado com a adequação e a precisão do nivelamento do terreno, a forma e as dimensões do campo e o caudal de entrada. Além disso, o desempenho da irrigação também depende das decisões operacionais do agricultor, principalmente em relação à manutenção do nivelamento do terreno, à oportunidade e à duração de cada evento de irrigação e às incertezas do abastecimento de água. (Shahidian, 2012) mencionou que, na irrigação de superfície, o desempenho depende muito das caraterísticas de infiltração do solo, que não são constantes. Elas mudam com o teor inicial de água no solo, a rugosidade e de um evento de irrigação para outro.

Yu li-peng, et al. (2009) mencionaram que a irrigação por aspersão, como uma das tecnologias úteis para aumentar a produção das culturas e a eficiência do uso da água, tem sido amplamente utilizada em todo o mundo. O método de irrigação por aspersão distribui a água pelas culturas pulverizando-a sobre a área de cultivo, tal como uma chuva natural. A água sob pressão flui através de perfurações ou bicos e é pulverizada sobre a área. (Kumar, et al. 2012) observou que o método de aspersão assegura um elevado grau de controlo da água e permite uma utilização prudente mesmo de pequenos caudais de água em solos ondulados e pouco profundos. Poupa a terra de canais e cumes e a eficiência global da irrigação é de 80-82%, em comparação com 30-50% na irrigação de superfície.

Al-Ghobari, e Mohammed, (1995) relataram que o número de sistemas de irrigação por aspersão de pivô central aumentou rapidamente no Reino da Arábia Saudita como um sistema de irrigação automático e moderno. De facto, em 1992 havia cerca de 20.028 pivots centrais no país, que eram importados principalmente para irrigar trigo e culturas forrageiras. (Faci, 2001) e (Delirhasannia, et al. 2010) observaram que os pivôs centrais são comumente usados em desenvolvimentos modernos de irrigação em todo o mundo. (Luis, e Leopoldo, 2007) definiram que o pivô central é um dos sistemas de irrigação que aplica água com altas taxas de aplicação, especialmente quando operando com aspersores de baixa pressão. A utilização deste sistema de rega em solos com baixa imitabilidade produz normalmente grandes quantidades de escoamento superficial e problemas de erosão do solo.

3.3. Sistema de irrigação por gotejamento (DIS):

3.3.1. Breve história:

A rega gota a gota, também conhecida como rega gota a gota ou microirrigação, é um método de rega que poupa água e fertilizantes ao permitir que a água goteje lentamente até às raízes das plantas, quer na superfície do solo quer diretamente na zona das raízes, através de uma rede de válvulas, tubos, tubagens e emissores. Keller, J. e Bliesner, (1990) e (Dean, et al. 2002) relataram que enquanto a irrigação de superfície por gravidade começou há cerca de 8.000 anos, o sistema de irrigação por gotejamento (DIS) é um conceito comparativamente novo. E em 1913, experimentaram a irrigação por gotejamento subsuperficial sem elevar o lençol freático no processo, mas complementaram, que era muito caro. Com o desenvolvimento dos plásticos durante e após a Segunda Guerra Mundial, a ideia de utilizar plástico para a rega lateral tornou-se plausível. A descoberta da lateral de polietileno de baixa densidade em 1948 forneceu um material adequado e económico para a rega gota-a-gota. Em meados dos anos 50, uma empresa de fabrico de tubos de rega em Nova Iorque começou a fornecer tubos de polietileno para regar plantas em estufas (Keller, e Bliesner, 1990).

3.3.2. Componentes e instalação do sistema de rega gota a gota:

Um sistema de rega gota a gota ou tique-taque inclui os componentes principais, a disposição dos componentes na Figura (3-1) representa uma disposição típica. Variações na pressão dentro do sistema devido a mudanças na elevação e perda de pressão dentro dos tubos afectarão a descarga de emissores individuais. Tom, e Kenny, (2003), forneceram uma descrição dos componentes do sistema de rega gota-a-gota que consiste em:

Fonte de água: As fontes de água incluem água tratada pelo município, água de poço e água de lagoa, riacho ou rio. A água limpa é essencial para que possa ser utilizada com sucesso com os pequenos emissores nas linhas de rega. Normalmente, a água em movimento rápido contém níveis mais elevados de partículas em suspensão, e os reservatórios ou lagos contêm uma quantidade relativamente pequena destas partículas. Para pequenas operações de rega gota-a-gota, a fonte de água não tem de ser excessivamente grande. A maioria dos pequenos sistemas necessita apenas de 2 a 5 galões por minuto por acre.

No entanto (Ropert, 2001) mencionou que o motor de motores gerais alimentado por gás natural alimenta a bomba, que fornece 720 gpm.

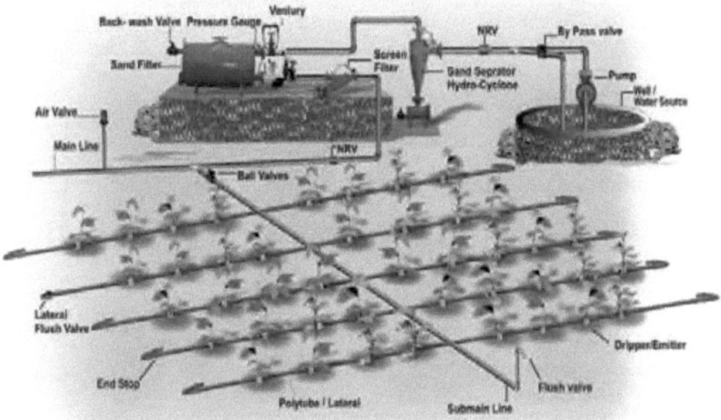

Figura 3-1: Componentes da rega gota-a-gota

As válvulas e os reguladores de pressão são também considerados os principais componentes da rega gota-a-gota. Daniel, et al, (2011) e (Michael, 2007) consideraram que a válvula principal, o componente mais próximo da fonte de água, pode ser uma válvula de gaveta, válvula de esfera ou espigão, e é usada para abrir e fechar manualmente o fluxo de água para o sistema de rega. As válvulas secundárias, manuais ou electrónicas, são geralmente utilizadas a jusante da válvula principal, mas não devem ser utilizadas em vez da válvula manual da linha principal.

O manómetro é muitas vezes utilizado, especialmente em campos onde a elevação varia muito. Por cada 2,31 pés de queda de elevação, a pressão sobre a água numa lateral aumentará uma libra por polegada quadrada (psi). Por cada 2,31 pés de elevação, a pressão diminui 1,0 psi. Assim, se um campo tiver uma variação de 10 pés de elevação do ponto mais alto para o mais baixo, os emissores no ponto mais baixo estarão a funcionar a uma pressão mais de 4 psi superior à do emissor mais alto. Num sistema que pode ter uma pressão de funcionamento projectada de apenas 8 psi, esta é uma variação extremamente grande.

Qualquer alteração na pressão devido à mudança de elevação pode ser tratada utilizando reguladores de pressão ou emissores de compensação de pressão. Os reguladores são dispositivos que mantêm uma pressão de saída praticamente constante, desde que sejam acionados por uma pressão de entrada superior à pressão de saída.

Existem dois tipos comuns de reguladores utilizados nos sistemas de rega. Existem reguladores ajustáveis, em que a pressão de saída é definida pelo regante, e reguladores pré-definidos, que têm uma pressão de saída fixa para corresponder aos manómetros dos dispositivos emissores. Os reguladores pré-definidos são geralmente mais baratos do que os reguladores ajustáveis.

Dorota e Fedro (1998) referiram que os filtros de tela são muito importantes para o (DIS) e recomendados para a remoção de areia muito fina ou detritos inorgânicos de maiores dimensões. Normalmente, não é eficaz utilizar filtros de tela para a remoção de cargas pesadas de algas ou outro material orgânico, uma vez que os filtros entopem rapidamente, exigindo uma limpeza demasiado frequente para serem práticos. Além disso (Daniel, et al. 2011) observou que o filtro deve ser instalado na linha principal para evitar o fecho dos emissores. É um componente essencial do sistema e deve ser utilizado em todos os sistemas, independentemente da fonte de água. Existem dois tipos de filtros utilizados em pequenos sistemas de gotejamento: de tela e de disco. Os filtros de tela têm malhas com tamanhos que variam entre 50 e 200 (50 a 200 poros/polegada, respetivamente). Os filtros de disco consistem numa pilha de discos estreitamente espaçados, em vez de telas, mas a sua capacidade de filtragem ainda é classificada como uma equivalência de tamanho de malha. Recomenda-se um tamanho de malha de filtro de cerca de 150 para emissores de gotejamento com caudais entre (0,5 e 10 gph).

Na maioria dos sistemas de jardinagem doméstica, a linha de distribuição desde a fonte de água até aos emissores é uma mangueira ou uma linha do tipo PVC. Se o sistema de rega for concebido para ser incessante, o tubo de PVC é uma boa opção. Os emissores descarregam água a caudais muito baixos através de pequenos bicos. Os emissores dividem-se em duas categorias: de linha e de ponto. O emissor de linha é utilizado para culturas em linha espaçadas, como os legumes e alguns pequenos frutos. Também pode ser utilizado em estufas. Os emissores são uma série de orifícios igualmente espaçados ao longo de um tubo de cavidade simples ou dupla ou de pequenas aberturas em tubos porosos. A taxa de descarga é normalmente indicada em galões por minuto (gpm) por unidade de comprimento e varia entre 0,1 e 2,0 gpm por 100 pés de linha (Thomas e Jahns, 2010).

Jeznach, (1998) mostrou que a fiabilidade de um sistema de rega gota-a-gota (DIS) pode ser definida como a sua capacidade de cumprir as tarefas necessárias num determinado momento e sob determinadas condições de funcionamento. As condições de funcionamento, por sua vez, podem ser consideradas como uma cadeia, incluindo o próprio sistema e o seu ambiente, que modifica o funcionamento do sistema. O sistema de irrigação por subsuperfície é a tecnologia de irrigação mais avançada. O SIS é a aplicação lenta e frequente de pequenas quantidades de água no solo através de emissores localizados numa linha de distribuição colocada sob a superfície do solo. A SIS permite a produção de culturas altamente produtivas sem lixiviação ou escoamento. Apenas a quantidade de água necessária para a cultura, numa base diária ou muito frequente, precisa de ser desviada de um riacho ou reservatório, ajudando assim a proteger a qualidade da água (Jerry e Canyon, 2001).

O projeto dos sistemas de rega gota-a-gota de superfície (DIS) para árvores e videiras é semelhante. A tubagem de polietileno com emissores de gotejamento em linha é muito comum, mas também são utilizados emissores de gotejamento embutidos ou fundidos. As mangueiras emissoras dobráveis de paredes finas, normalmente designadas por fitas gotejadoras, são frequentemente utilizadas para regar culturas anuais, mas raramente são utilizadas para regar culturas permanentes, porque estas linhas gotejadoras não têm a longevidade necessária. Filtros, sistemas de controlo e válvulas, sistemas de injeção, condutas subterrâneas e outros componentes dos sistemas de rega gota-a-gota são semelhantes tanto para pomares como para vinhas. (Lawrence, e Blaine, 2007).

3.3.3. Vantagens e desvantagens do DIS:

A rega gota-a-gota é um método muito eficiente de aplicar água e nutrientes às culturas. Para muitas culturas, a conversão da rega de superfície ou por aspersão para a rega gota-a-gota pode diminuir significativamente o consumo de água. A produtividade das culturas pode aumentar através de uma melhor gestão da água e da fertilidade e da redução da pressão de doenças e ervas daninhas. Quando a irrigação por gotejamento é usada com cobertura de polietileno, a produtividade pode aumentar ainda mais (Najafi, 2009). As vantagens da rega gota-a-gota de superfície estão incluídas nos estudos de (Tom e Kenny, 2003) e também nas experiências de (Lawrence e Blaine, 2007). Podem ser utilizadas fontes de água mais pequenas porque a rega gota-a-gota de superfície tem perdas evaporativas mais baixas do que a rega de superfície, aspersão ou microaspersão, porque os sistemas de rega gota-a-gota de superfície molham uma área de superfície mais pequena. Reduzidas perdas evaporativas e alta uniformidade de irrigação dos sistemas de gotejamento superficial.

Além disso, os requisitos e custos de energia podem ser menores para os sistemas de rega gota-a-gota de baixa pressão do que para os sistemas de alta pressão, como os aspersores de impacto. No entanto, os sistemas de rega gota-a-gota de superfície podem necessitar de mais energia do que os sistemas de rega de superfície de baixa pressão, operados eficientemente. Os estudos também mostraram que os danos causados por doenças e insectos são reduzidos porque a folhagem da planta permanece seca, também (Daniel, et al. 2011) observou que quando toda a superfície do solo é continuamente molhada, como na irrigação por aspersão ou inundação, as sementes de ervas daninhas no solo entre as linhas continuam a germinar durante todo o período de crescimento. Mesmo que sejam utilizados herbicidas antes da plantação, a sua eficácia pode ser reduzida se os ingredientes activos forem diluídos ou lixiviados por irrigação excessiva por aspersão ou inundação.

Uma vez que a utilização de herbicidas e a sacha manual são reduzidas com a rega gota-a-gota, o dinheiro gasto no controlo de ervas daninhas é poupado e o rendimento e a qualidade das culturas não são tão adversamente afectados pela competição das ervas daninhas como podem ser na rega por aspersão e inundação. No entanto, a mão de obra e os custos operacionais são normalmente reduzidos. Para além disso, a automatização extensiva é também uma possibilidade.

Nielsen, et al. (1998) mencionou que a principal vantagem para o DIS na aplicação de fertilizantes através do sistema de irrigação pode ser feita de forma conveniente e eficiente através de um sistema de irrigação por gotejamento superficial. Os nutrientes são entregues ao volume de solo com a maior concentração de raízes, melhorando a eficiência da aplicação de fertilizantes e optimizando as condições de crescimento. Al-Omran, et al, (2005) indicou que o DIS é a forma mais eficaz de transportar diretamente água e nutrientes para as plantas e não só poupa água como também aumenta a produtividade das culturas hortícolas.

William, et al. (2008) e (Tom, and Kenny, 2003) expuseram a vantagem do DIS na humidificação limitada da zona radicular da cultura, o que significa que pode ser difícil atingir um volume suficiente de solo molhado com sistemas de rega gota-a-gota. Porque não há nenhuma recomendação definitiva sobre a quantidade de área de superfície de um pomar ou solo de vinha que deve ser molhada, embora um terço a metade da área tenha sido sugerida.

DIS também os custos de investimento inicial por acre podem ser mais elevados do que para outras formas de rega. Os emissores de gotejamento geralmente têm corredores de fluxo ligeiramente menores do que os microaspersores e são mais facilmente obstruídos por partículas. As velocidades de fluxo também são baixas nos corredores dos emissores de gotejamento, aumentando assim o risco de entupimento. Os fabricantes recomendam frequentemente um maior grau de filtragem para os emissores de gotejamento do que para os microaspersores.

Perdas por percolação profunda podem ocorrer na irrigação por gotejamento porque a demanda total de água da cultura é aplicada a um volume relativamente pequeno de solo. Para solos com altas taxas de infiltração e permeabilidade, o movimento descendente da água pode dominar o movimento lateral da água. (Nielsen, et al. 1998) Observou que há perdas por percolação profunda que podem ocorrer sob DIS porque a necessidade total de água da cultura é aplicada a um volume relativamente pequeno de solo. Para solos com altas taxas de infiltração e permeabilidade, o movimento descendente da água pode dominar o movimento lateral da água. (Najafi, 2009), em estudos realizados, verificou que as dificuldades na inspeção visual, onde muitas vezes é difícil detetar problemas de entupimento através de uma simples inspeção visual de um sistema de rega gota-a-gota. Isto é particularmente verdade em jardins onde as linhas laterais de rega gota-a-gota estão no chão e os emissores gota-a-gota são difíceis de ver. No entanto, tanto em pomares como em vinhas, é difícil determinar quando está a ocorrer um entupimento parcial dos emissores de gota-a-gota, a não ser que se meçam as taxas de descarga dos emissores. O sistema de rega gota-a-gota não é adequado para culturas plantadas de perto, como alfafa ou cereais (Tom e Kenny, 2003).

3.4. Sistema de irrigação por subsuperfície (SIS):

O sistema de irrigação por subsuperfície (SIS) é um dos vários tipos de microirrigação. É um sistema de irrigação planeado em que a água é aplicada diretamente na zona das raízes das plantas através de aplicadores (por exemplo, orifícios, emissores e tubos porosos) colocados abaixo da superfície do solo. O sistema de irrigação por subsuperfície é um dos métodos de irrigação mais antigos que foram desenvolvidos no mundo. Também (Najafi, e Tabatabaei, 2009) demonstraram que o sistema de irrigação subsuperficial é um sistema de irrigação de baixa pressão e alta eficiência que utiliza laterais de gotejamento enterradas ou fita gotejadora para atender às necessidades de água das culturas. As tecnologias SIS têm sido uma parte da agricultura irrigada desde 1960, com a tecnologia avançando rapidamente nas últimas duas décadas.

O sistema SIS é flexível e pode fornecer irrigações ligeiras frequentes. Isto é especialmente adequado para áreas áridas, semiáridas, quentes e ventosas com abastecimento de água limitado. As operações agrícolas também ficam livres de impedimentos que normalmente existem acima do solo com qualquer outro sistema de irrigação pressurizado (Najafi, e Tabatabaei, 2009).

Quando a água é aplicada abaixo da superfície do solo, o efeito das caraterísticas de infiltração da superfície, tais como a formação de crostas, o estado saturado da água acumulada e o potencial escoamento superficial (incluindo a erosão do solo) são eliminados durante a rega. Com um sistema SIS adequadamente dimensionado e bem mantido, a aplicação de água é altamente uniforme e eficiente. O humedecimento ocorre à volta da lateral e a água move-se em todas as direcções (Reich, et al. 2009).

3.1.1. Factores que afectam a uniformidade de aplicação da SIS:

Seginer, (1979) usando um modelo concetual, salientou a importância da extensão do sistema de enraizamento no processo de conceção, mostrando que a uniformidade efectiva experimentada pela cultura pode ser muito elevada, enquanto que a distribuição real detalhada da água no solo na micro irrigação pode ser bastante desuniforme. O espaçamento entre emissores é uma caraterística do projeto do sistema e deve ser selecionado tendo em conta as propriedades hídricas do solo do local, o sistema de enraizamento específico da cultura e as caraterísticas climáticas, uma vez que afecta a medida em que a cultura depende da rega.

Camp, (1998) e (Behrouz, et al. 2009) ilustraram que o sistema de irrigação por subsuperfície tem uma maior suscetibilidade para diminuir a perda de água por evaporação, escoamento e percolação profunda em comparação com outros sistemas de irrigação que fornecem água à superfície do solo. Para além disso, o elevado custo dos sistemas tradicionais de rega gota-a-gota, devido à substituição anual dos componentes do sistema, é substancialmente reduzido quando os componentes de subsuperfície são permanentemente instalados abaixo da zona de mobilização do solo.

Wilde, et al. (2009) verificaram que, em estudos, a conceção de um sistema SIS pode ter um efeito importante no custo inicial do investimento, com uma relação direta entre o nível de uniformidade e o custo inicial do sistema. Os produtores que atualmente são desencorajados a instalar sistemas SIS devido ao elevado custo inicial poderiam considerar o SIS se estes custos fossem reduzidos. Uma opção para conseguir esta redução é uma conceção cuidadosa da SIS que incorpore níveis de uniformidade da água inferiores aos tradicionalmente considerados aceitáveis.

As principais conseqüências da redução da uniformidade do sistema SIS podem incluir a baixa germinação de sementes em anos secos, maior dificuldade na manutenção de gotejamento, flexibilidade reduzida de culturas alternativas e problemas com a uniformidade futura devido à deterioração do sistema e diminuição do abastecimento de água. Um elemento chave na abordagem do impacto de cenários alternativos de uniformidade é uma análise para determinar os benefícios financeiros ou as consequências da redução da uniformidade da irrigação para reduzir os custos iniciais da SIS.

3.1.2. Vantagens e desvantagens do (SIS):

As vantagens do sistema de irrigação por subsuperfície (SIS) em comparação com sistemas de irrigação alternativos em alguns pontos. (Freddie, 2002) referiu que o SIS é mais eficiente na utilização da água, o que significa que a evaporação do solo, o escoamento superficial e a percolação profunda são grandemente reduzidos ou eliminados. A infiltração e o armazenamento da precipitação sazonal podem ser melhorados por solos mais secos e com menos crostas. Em alguns casos, o sistema pode ser usado para um pequeno evento de irrigação para uso na germinação, dependendo da profundidade da linha de gotejamento, da taxa de fluxo e das restrições do solo.

Harris, (2005) realizou um estudo sobre a eficiência da SIS e concluiu que existe um elevado grau de controlo da aplicação de água com potencial para uma elevada uniformidade de aplicação. Para os novos sistemas, esta uniformidade de distribuição (Du) pode ser muito elevada (93% ou mais) em comparação com a registada na rega por aspersão (60% a 80%) e na rega de superfície (50% a 60%). Além disso, a elevada frequência de irrigação com SIS permite a manutenção de um teor ótimo de humidade do solo na zona radicular. Isto é importante quando se utiliza água salgada e com culturas de raízes pouco profundas. Por conseguinte, o crescimento das plantas, o rendimento das culturas e a qualidade de várias culturas reagem positivamente. (Freddie, 2002) mencionou a vantagem do SIS também na melhoria da gestão de fertilizantes e pesticidas, uma vez que a aplicação precisa e mais atempada de fertilizantes e pesticidas através do sistema pode resultar numa maior eficácia e, em alguns casos, na redução da sua utilização. Para além da melhoria das operações agrícolas e da gestão, uma vez que muitas operações de campo podem ocorrer durante os eventos de irrigação. As operações de campo resultam numa menor compactação do solo, e a formação de crostas no solo causada pela irrigação é grandemente reduzida. A variabilidade dos regimes de água no solo e a redistribuição são frequentemente reduzidas com a SIS, em comparação com o sistema de irrigação de superfície. Amosson, et al. (2009) descobriram que, num estudo de comparação entre sistemas de irrigação sexual, o sistema mais eficiente em termos de água disponível, a SIS, tem uma eficiência de aplicação de 97%. Poupa dinheiro ao utilizar a água e a mão de obra de forma eficiente. Pode efetivamente fornecer quantidades muito pequenas de água diariamente, o que pode poupar energia, aumentar a produção e minimizar a lixiviação de produtos químicos solúveis. Da mesma forma, há circunstâncias e situações que apresentam desvantagens para a seleção de um sistema SIS. Amosson, et al. (2009) observou que as desvantagens da SIS incluem alguns pontos como: Requer uma gestão intensiva.

Também durante as primaveras secas, um sistema SIS pode não conseguir fornecer água suficiente para a germinação da cultura. É essencial que o sistema seja concebido e instalado com exatidão. Se o sistema não for gerido corretamente, pode perder-se muita água por percolação profunda. No entanto (Freddie, 2002) relatou as desvantagens do SIS em: Padrão de humedecimento mais pequeno porque o padrão de humedecimento pode ser demasiado pequeno em solos de textura grosseira, resultando numa zona radicular da cultura demasiado pequena. Além disso, esta situação pode tornar a capacidade do sistema e a fiabilidade do sistema questões extremamente críticas, uma vez que há menos capacidade de amortecer uma capacidade de irrigação insuficiente ou uma avaria do sistema.

As principais desvantagens relacionadas com as práticas de cultivo e culturais nos estudos acima referidos por (Freddie, 2002); o sistema SIS tem menos opções de lavoura e restringe o desenvolvimento das raízes das plantas, uma vez que zonas de raízes de culturas mais pequenas podem tornar a irrigação e a fertilização questões mais críticas, tanto do ponto de vista do tempo como da quantidade. As zonas radiculares mais pequenas das culturas podem ser insuficientes para evitar o stress hídrico diurno das culturas, mesmo quando a zona radicular é bem regada. O sistema SIS também tem um custo de investimento inicial elevado em comparação com alguns sistemas de rega alternativos. Em muitos casos, o sistema não tem valor de revenda ou tem um valor residual mínimo.

Uma comparação económica entre a SIS, a inundação, a deslocação manual, o rolo lateral e o irrigador itinerante em Lucerna, no centro de Queensland, Austrália, revelou que a SIS tinha o valor atual líquido mais elevado e estava em segundo lugar em relação à deslocação manual na Taxa Interna de Retorno. Além disso, a irrigação na localidade em que este estudo foi efectuado, é feita a partir de um aquífero sobre-alocado e a SIS tem o potencial de aumentar significativamente os rendimentos deste recurso hídrico limitado (Philip, 2003). Numa análise que comparou a economia da mudança da irrigação por sulcos para pivô central ou SIS na região de Burdekin (Queensland QLD), o pivô central foi mais rentável do que a SIS (Qureshi, et al, 2001).

3.1.3. Conceção e instalação do SIS:

A conceção e a gestão estão intimamente ligadas num sistema SIS bem sucedido. Estudos de investigação e produtores nas explorações agrícolas indicam que os sistemas SIS só resultam em culturas de alto rendimento e práticas de produção que conservam a água quando os sistemas são corretamente concebidos, instalados, operados e mantidos (Rogers e Lamm, 2009) .

Um sistema que seja incorretamente concebido e instalado será difícil de operar e manter e muito provavelmente não atingirá os objectivos de uniformidade e eficiência da aplicação de água de rega. No entanto, o projeto e a instalação adequados não garantem uma elevada eficiência da SIS e uma longa vida útil do sistema. Um sistema SIS também deve ser operado de acordo com as especificações do projeto e utilizar bons procedimentos de gestão da água de rega para atingir uma elevada uniformidade e eficiência.

Juan, (2001) referiu que o sucesso de um sistema de irrigação por subsuperfície para culturas em linha depende do seu projeto, instalação, operação, gestão e manutenção. Todas as fases são igualmente importantes e esta publicação descreve os componentes e a instalação de um sistema SIS.

A capacidade de irrigação desejada, combinada com a capacidade de descarga do poço, determina o número de acres que podem ser irrigados. Embora os sistemas DIS não sejam perfeitamente uniformes ou eficientes, um bom objetivo deve ser superior a 90 por cento de uniformidade. Como a eficiência da irrigação pode ser definida como a água usada beneficamente dividida pela água fornecida ao campo, um sistema SIS bem concebido e operado pode ser quase 100% eficiente (Lamm, et, al. 2003). Nos mesmos estudos de (Lamm, et al. 2003) relataram que, quando a uniformidade é considerada, a eficiência global da irrigação será um pouco menor.

3.1.4. Profundidades de instalação de linhas de gotejamento na SIS:

Philip, et al. (2003) mostraram que um dos problemas mais confrontantes enfrentados quando se utiliza o sistema de irrigação subsuperficial (SIS) para o estabelecimento da cultura é o fornecimento uniforme de água suficiente para a semente. Uma pesquisa na Califórnia descobriu que <10% dos produtores usaram seus sistemas de gotejamento enterrados para estabelecer a cultura e aqueles que fizeram a instalação a profundidades inferiores a 0,1 m.

Charlesworth, et al. (1998) relataram que num ensaio SIS, o milho doce cultivado em canteiros em linhas espaçadas de 0,9 m, com uma linha de gotejamento localizada a 0,2 m de profundidade e a meio das linhas, atingiu apenas 50% de estabelecimento. Além disso, a profundidade de instalação de qualquer produto não deve ser superior a 0,2 m. Se tentar estabelecer uma cultura de sementeira larga, como a luzerna ou pastagem, o espaçamento lateral não deve ser superior a 1,0 m. Com esta configuração, uma profundidade de aplicação de 120 mm ainda deve ser esperada para a cobertura total da superfície (Charlesworth e Muirehead, 2003).

No entanto (Lamm, et al. 2005) observou em experiências que alguns produtores na região central das Grandes Planícies estão a optar por instalações na faixa de 12 a 14 polegadas de profundidade para dar mais elasticidade na germinação. No entanto, é difícil obter água para a germinação com sistemas SIS. (Neelam, e Rajput, 2007) relataram que na SIS, a água de irrigação e os fertilizantes injectados são fornecidos diretamente às raízes da cultura. Isto é especialmente vantajoso no caso de nutrientes que têm baixa mobilidade no solo. Na SIS, os 20,0 cm superiores do solo têm menor teor de água no solo quando as laterais são enterradas a 45,0 cm de profundidade do solo, resultando em evaporação reduzida.

Abou Kheira, et al. (2007) mostraram que o teor de humidade do solo na (SIS) aumentou com a profundidade e espalhou-se horizontalmente de acordo com a profundidade da linha lateral e o espaçamento entre emissores. A melhor e mais uniforme distribuição da humidade do solo foi observada quando a linha lateral foi enterrada a 20 cm de profundidade abaixo da superfície do solo com 30 cm de espaçamento entre emissores. Isto foi devido ao maior valor de umidade do solo, que foi registrado a uma profundidade de até 50 cm do perfil do solo. As outras laterais de gotejamento subsuperficial registaram uma notável distribuição uniforme da humidade do solo, quer com 30 cm ou 50 cm de espaçamento. Quanto ao gotejamento superficial lateral, os resultados recomendam o espaçamento de 30 cm, onde a distribuição da umidade do solo foi a melhor. Ele deu um aumento gradual da umidade do solo com a profundidade do solo. Além disso, proporcionou uma distribuição uniforme da umidade do solo horizontalmente em torno da planta de pimenta.

Camp, (1998) observou que a profundidade de instalação lateral raramente era variável em termos de tratamento, pelo que existe pouca informação disponível. A maioria das profundidades de instalação lateral para sistemas SIS permanentes reflecte a experiência prática e é um compromisso entre as práticas de lavoura e as condutividades hidráulicas do solo, no entanto, as profundidades de instalação também podem ser limitadas pela textura do solo e pela disponibilidade de equipamento de campo.

Alguns estudos efectuados por (Enciso, et al. 2005) mostraram que a profundidade de 0,3 m resultou num melhor desempenho do que a profundidade de 0,2 m, embora as diferenças fossem numéricas e não significativas. No entanto, o rendimento do fiapo foi significativamente maior para a profundidade lateral de 0,3 m em comparação com a profundidade de 0,2 m. Numerosos estudos experimentais foram conduzidos para avaliar vários fatores de projeto para DIS para a produção de milho em solos profundos de argila siltosa das Grandes Planícies Centrais. Profundidades de linha de gotejamento variando de 0,2 a 0,6 m foram consideradas aceitáveis para a produção de milho, sem diferenças significativas na produtividade da água e apenas ligeiras reduções no rendimento de grãos de milho para as profundidades de 0,4 e 0,6 da linha de gotejamento (Lamm e Trooien, 2005).

Patel, e Rajput, (2007) e (Liu, e Li, 2009) mostraram que a profundidade lateral afectou obviamente a distribuição de água e nitrogénio, e a determinação da profundidade lateral adequada envolve a consideração da estrutura do solo, textura e padrão de desenvolvimento radicular da cultura. (Jiusheng, e Yuchun, 2011) demonstraram que a profundidade da linha de gotejamento e o solo com textura estratificada afetaram muito a distribuição de água e nitrato. A profundidade molhada aumentou com a profundidade da linha de gotejamento e o conteúdo inicial de água no solo, tanto para solos uniformes quanto para solos estratificados.

3.5. Sistema de irrigação capilar de subsuperfície (KISSS):

3.5.1. O que é o KISSS?

Jan e Kristen (2011) referiram que a irrigação têxtil subsuperficial KISSS é a tecnologia de irrigação de nova geração que fornece soluções inteligentes de poupança de água para espaços recreativos e campos desportivos. O KISSS, instalado no subsolo, move a água para cima e para fora, para a zona das raízes, à taxa de absorção natural do solo, molhando eficazmente grandes áreas do solo com uma distribuição uniforme. Através deste processo, o KISSS reduz o consumo de água, eliminando a evaporação, o excesso de pulverização e o escoamento da água.

3.5.2. Como é que a irrigação KISSS funciona?

William, et al. (2008) descobriram que o (KISSS) aplicava água diretamente na zona das raízes das plantas, como se mostra na Figura (3-4), com um mínimo de perda de água por escoamento, evaporação e drenagem profunda. Neste sistema, a água é aplicada abaixo da superfície do solo diretamente na zona das raízes das plantas, resultando numa melhoria significativa na aplicação de água em relação ao sistema tradicional de rega gota-a-gota. Além disso, como a água é aplicada abaixo da superfície, o desperdício de água devido à evaporação é quase eliminado.

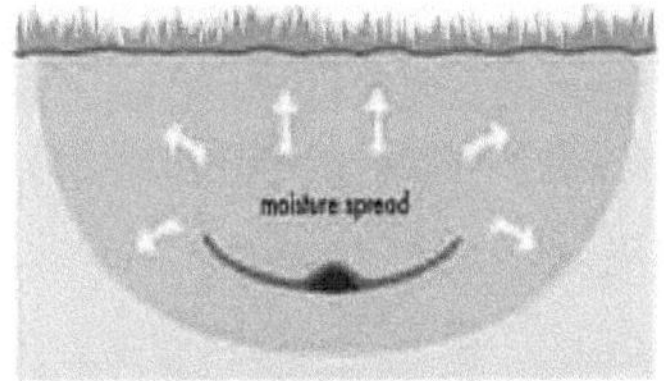

Figura 3-2: Dispersão de humidade KISSS

O KISSS melhora o teor e a uniformidade da água no solo à superfície e tem o potencial de ultrapassar os problemas de estabelecimento das plantas associados ao sistema de rega subsuperficial convencional. Fá-lo ao mesmo tempo que poupa água e reduz o risco ambiental (drenagem e/ou escoamento) (Viola, 2009). Também a irrigação com mais água, ou com mais frequência, melhorou o crescimento das mudas. As laterais de gotejamento Kapillary (KISSS) mantiveram uma vantagem em termos de estabelecimento e crescimento em qualquer combinação de quantidade de irrigação e frequência. Mais pesquisas são necessárias para desenvolver diretrizes para o uso do (KISSS) em solos e climas específicos, especialmente para solos de textura mais pesada e evaporação mais extrema (Viola, 2008). Também constatou que o (KISSS) é superior ao (SIS), mas não estabelece se o desenvolvimento do produto desde o produto original Capital Root Zone Irrigation System (CRZI) é responsável pelo desempenho melhorado.

3.5.3. Comparação entre (KISSS) e (SIS):

Cresswell, (2007) observou que uma distribuição mais uniforme da água no solo aumenta a vida útil de absorção de fosfato da área de eliminação. Quando a distribuição não é uniforme, o solo nas regiões que recebem o maior volume de efluentes ficará saturado de fosfato primeiro. Por outras palavras, a zona de eliminação ficará com fugas muito antes de ter sido explorada toda a capacidade de sorção do local. Este fenómeno pode ser designado por "fuga pontual". No entanto, a ausência de túneis significa que a água não pode chegar à superfície sem alguma filtragem biológica pelo solo. O túnel ocorre quando a água de um gotejamento lateral enterrado convencional produz um canal aberto para a superfície através de um processo de mineração.

Uma vez formado um túnel, este não pode ser facilmente removido, mesmo quando o solo sobrejacente é cultivado. Onde existem túneis, uma poça de água contaminada aparecerá na superfície sempre que houver irrigação. Um padrão de humedecimento do solo mais amplo e uniforme assegura que as condições da superfície são mais estáveis sob o pé. Os sistemas convencionais de gotejamento lateral descarregam água a taxas muito mais elevadas do que o solo pode aceitar, produzindo áreas encharcadas. A cobertura geotêxtil ajuda a evitar que as raízes bloqueiem os emissores.

Guenter, e Sullings, (2010) descobriram que o sistema KISSS é composto por fita gota-a-gota e um tapete geotêxtil único. Ele consegue economizar água distribuindo uniformemente o conteúdo de humidade do subsolo para atingir a eficiência ideal da água. Também notaram que o sistema KISSS é o mais eficiente dos quatro sistemas: aspersão, sulco, irrigação convencional de subsuperfície e irrigação por gotejamento.

Viola, (2008) estudou os efeitos comparativos de um KISSS e de um SIS no estabelecimento da cultura da alface, na humidade do solo e na drenagem e concluiu que o KISSS aumentou a percentagem de estabelecimento da alface e aumentou substancialmente o peso fresco das plantas duas semanas após a transplantação (aumento global de 20%).

Verificou também que o sistema KISSS regista aumentos em relação ao (SIS) na média dos dados do peso seco da planta (g/planta) de alface aos 25 dias após a transplantação, respetivamente.

William, et al. (2008) relataram sobre a possibilidade de fornecer água de irrigação a partir do KISSS em comparação com a irrigação SIS, onde a poupança média de água através do KISSS foi de 18%. No entanto, esperam-se maiores poupanças no futuro, à medida que os agricultores se tornam mais experientes na gestão deste sistema e estão preparados para adotar calendários de irrigação baseados na procura de água.

3.6. Teor de água do solo:

O teor de água no solo é uma das variáveis hidrológicas mais importantes à superfície da terra e apresenta um grande grau de heterogeneidade devido à sua interface, direta ou indiretamente, com a atmosfera (She, et al. 2010). Assim, (Guber, et, al. 2008) mostraram que, nos padrões espaciais de humidade do solo, a estabilidade temporal do teor de água do solo foi demonstrada para três caraterísticas diferentes dependentes do tempo da dinâmica da água do solo, nomeadamente: (a) teores de água a profundidades específicas; (b) armazenamento de água do solo, geralmente interpretado como a quantidade total de água do solo num intervalo de profundidades; e (c) fluxos de água do solo estimados a profundidades específicas.

A variabilidade e o padrão da humidade superficial no tempo e no espaço são influenciados por muitos factores. O declive e a orientação têm efeitos importantes na distribuição da humidade superficial do solo na encosta de uma colina (Nyberg, 1996). O padrão de humidade do solo apresenta um elevado grau de organização durante o período húmido devido à redistribuição lateral da água à superfície e à subsuperfície, mas existe uma pequena organização espacial durante o período seco (Yuanjun e Mingan, 2008).

Alshikaili, (2007) referiu que a informação sobre a humidade do solo pode ser utilizada para a gestão de reservatórios, o alerta precoce de secas, a programação da irrigação e a previsão do rendimento das culturas. As técnicas actuais de medição da humidade do solo por contacto baseiam-se em medições de campo e pontuais. A extrapolação, transferência e registo de medições pontuais da humidade do solo são inadequadas e lentas em grandes campos porque as propriedades do solo e o teor de humidade variam espacialmente.

3.7. Medição da humidade do solo:

3.7.1. Método gravimétrico:

Existem muitos métodos e técnicas diferentes para medir a humidade do solo, bem como muitos instrumentos diferentes disponíveis no mercado. O método padrão para determinar a humidade do solo é a secagem do solo em estufa a 105° C. Alshikaili, (2007).

Song, et, al. (1999) mencionaram que o teor de humidade do solo pode ser expresso em peso como a relação entre a massa de água presente e o peso seco da amostra de solo, ou em volume como a relação entre o volume de água e o volume total da amostra de solo. Para determinar qualquer um destes rácios para uma determinada amostra de solo, a massa de água deve ser determinada por secagem do solo até peso constante e medição da massa da amostra de solo após e antes da secagem. A massa de água (ou peso) é a diferença entre os pesos das amostras húmidas e secas em estufa.

3.7.2. Método de dispersão de neutrões (NS):

Steven, (2003) ilustrou que, quase 50 anos após a sua primeira utilização, o método NS continua a ser o melhor método disponível para a medição repetida do teor volumétrico de água no perfil do solo. (Prichard, 2000) referiu que o dispositivo de dispersão de neutrões, frequentemente designado por sonda de neutrões, mede o teor total de água do solo se for devidamente calibrado por amostragem gravimétrica. Este método estima a quantidade de água num volume de solo através da medição da quantidade de hidrogénio na área de medição.

A água é de longe o maior composto que contém hidrogénio nos solos. A sonda fornece uma fonte de neutrões rápidos e de alta energia e um detetor alojado numa unidade, que é baixada para um acesso lateral instalado no solo. A unidade da sonda está ligada por cabo a uma unidade de controlo à superfície. A sonda é baixada a uma profundidade específica para efetuar leituras em toda a zona radicular. Evett, (2000) elucida que a precisão das medições possíveis com NS sempre foi elevada e satisfatória para muitas investigações de água no solo (erro padrão <0,01 m3/m3). No entanto, os regulamentos de segurança que exigem licenças e formação dispendiosas dos utilizadores, bem como uma burocracia considerável (e aparentemente crescente), fazem com que o método NS continue a ser dispendioso e difícil ou impossível de utilizar em algumas situações, em especial na monitorização sem vigilância. O armazenamento e a eliminação das fontes radioactivas destes medidores são também cada vez mais dispendiosos.

3.7.3. Métodos qualitativos:

Estes métodos contêm (tensiómetro e blocos porosos) medem a força (medida em unidades de tensão) com que a humidade do solo é retida pelas partículas do solo. A tensão da água do solo, a sucção da água do solo ou o potencial da água do solo são todos termos que descrevem o estado energético da água do solo (Prichard, 2000).

Os tensiómetros são instrumentos utilizados para medir o estado energético (ou potencial) da água do solo. Esta medição é muito útil porque está diretamente relacionada com a capacidade das plantas para extrair água do solo (Allen e Dalton, 2011).

Hensley, and Deputy, (1999) e (Owens, et al. 2003) ilustraram que um tensiómetro consiste numa taça porosa, ligada através de um tubo de corpo rígido a um medidor de vácuo, com todos os componentes cheios de água. A taça porosa é normalmente construída em cerâmica devido à sua resistência estrutural e permeabilidade ao fluxo de água. O tubo do corpo é normalmente transparente para que a água no interior do tensiómetro possa ser facilmente observada. (Stephanie, et al. 2009), os estudos apresentados explicam que o medidor de vácuo com tubo de Bourdon é normalmente utilizado para medições do potencial hídrico. O medidor de vácuo pode ser equipado com um interrutor magnético para controlo automático da irrigação. Também pode ser utilizado um manómetro de mercúrio para maior precisão, ou um transdutor de pressão para registar automática e continuamente as leituras do tensiómetro.

Munro, e Anne, (2000) descobriram que, após estudos, o tensiómetro não pode ser utilizado para medir a sucção da água no solo superior a 75 kPa. Sucções superiores a este valor provocam a quebra do vácuo no tensiómetro, uma vez que o ar entra na ponta de cerâmica. São bons para a maioria das culturas hortícolas anuais, pomares, frutos secos e pastagens, mas não são adequados para o stress controlado de plantas como as videiras, onde são recomendadas sucções até 200 kPa para produzir boa qualidade de vinho.

Os blocos porosos ou de gesso são constituídos por dois eléctrodos simétricos embebidos em blocos de gesso. A sua forma varia de retangular a cilíndrica e têm aproximadamente o tamanho de uma caixa de fósforos. Têm um par de fios ligados aos eléctrodos que saem do bloco com cerca de 2 m de comprimento. Existem vários fabricantes de blocos de gesso (Campbell, 2007). (Abraham, et al. 2000) sugeriu a utilização de blocos de gesso como sensor de humidade do solo. Em campos maiores, para alargar a área de deteção da humidade do solo, foi feita uma rede de blocos de gesso ligando-os em série e na horizontal com uma gama de resistência igual à fornecida por um bloco.

3.8. Sensor de humidade do solo SM100:

Harris, (2011) demonstrou que o WaterScout SM100 mede o teor volumétrico de água. O teor volumétrico de água (VWC) é a relação entre o volume de água num determinado volume de solo e o volume total do solo. Na saturação, o conteúdo volumétrico de água (expresso em percentagem) será igual à percentagem de espaço poroso do solo. (James e Jonathan, 2011) descobriram que o SM100 é mais sensível ao solo adjacente ao sensor. Por conseguinte, é importante um bom contacto entre o solo e o sensor. As pedras e as bolsas de ar junto ao sensor afectarão a precisão das leituras. Uma vez que é sensível a diferenças na permissividade dieléctrica, deve ter-se o cuidado de não instalar o sensor dentro ou perto de metal.

3.9. Padrões de humidade do solo:

A conceção e o planeamento da rega gota-a-gota sem informação suficiente sobre a distribuição da humidade no perfil do solo não conduzem a resultados corretos. (Singh, et al. 2006) mencionou que a informação sobre as profundidades e larguras da zona molhada do solo sob a aplicação subsuperficial de água desempenha um grande significado no desenho e gestão do sistema de irrigação subsuperficial (SIS) para fornecer a quantidade necessária de água e produtos químicos para a planta. A distância das saídas, a taxa de descarga e o tempo de irrigação na irrigação por gotejamento devem ser determinados de modo que o volume de solo molhado seja o mais próximo possível do volume da raiz da planta.

Lafolie, et al. (1997) e (Battam, et al. 2003) concluíram que faltam informações pormenorizadas sobre as propriedades hidráulicas do solo, o que dificulta a sua definição para os solos de campo, para além de ser dispendioso e demorado. Além disso, as condições de escoamento mal definidas e complexas nos limites da humidade e a falta de formação causam problemas na execução destes modelos com confiança.

Estas soluções requerem muitos pressupostos simplificadores que limitam a sua aplicabilidade em condições práticas de campo, e também foram observadas grandes diferenças entre os valores simulados e observados dos teores de água. Por conseguinte, a utilização de modelos de escoamento numéricos ou analíticos para efeitos de projeto é considerada complicada e impraticável em muitas situações.

Schwartzman e Zur, (1986) desenvolveram um método semi-empírico simplificado para determinar a geometria da zona molhada do solo sob fontes lineares de aplicação de água colocadas à superfície. Assumiram que a geometria do solo molhado, a largura e a profundidade do molhamento no final da rega dependem do tipo de solo, da descarga do emissor por unidade de comprimento das laterais e da quantidade total de água no solo. O tipo de solo foi representado pela condutividade hidráulica saturada do solo. Utilizaram uma abordagem de análise dimensional para desenvolver este modelo. Este modelo prevê a posição da frente de molhamento sob o sistema de irrigação por gotejamento superficial apenas como uma função da água aplicada e propriedades simples do solo, tais como a condutividade hidráulica saturada do solo. Portanto, reduzindo as complexidades encontradas em métodos numéricos e analíticos para fins de design.

Há uma série de modelos que descrevem a infiltração a partir de uma fonte pontual/linha que pode ser usada para projetar, instalar e gerir sistemas de rega gota-a-gota (Camp, 1998) e (Singh, et al. 2006). (Kandelous, and S "imu°nek, 2010) indicaram que alguns destes modelos analíticos, numéricos e empíricos foram desenvolvidos para estimar as dimensões da zona molhada para a irrigação por gotejamento superficial e subsuperficial a partir de uma fonte pontual. Enquanto os modelos empíricos têm sido tipicamente desenvolvidos usando uma análise de regressão de observações de campo, os modelos analíticos e numéricos geralmente resolvem equações de fluxo governantes para condições iniciais e de contorno específicas.

Uma abordagem diferente foi sugerida por (Lazarovitch, et al. 2007) que introduziu uma abordagem de análise de momento para descrever os padrões espaciais e temporais de humedecimento subsuperficial para a rega a partir de sistemas de rega gota-a-gota superficiais/subsuperficiais.

3.10. Simulação de padrões de humedecimento por software de computador:

Devido ao aumento da velocidade dos computadores e à disponibilidade de modelos numéricos mais abrangentes para simular o fluxo em solos variavelmente saturados, as abordagens numéricas estão agora a ser cada vez mais utilizadas para avaliar o fluxo de água em (SIS) ou (DIS) (Taghavi, et al.1984) e (Angelakis, et al. 1993). Vários estudos recentes utilizaram para o efeito a versão bidimensional do HYDRUS como (Giuseppe, 2007) e (Mohammad, et al. 2011) ou o software SURFER10 a três dimensões como (Kekkonen, et al. 2010).

Liga, e Slack, (2004) usaram o HYDRUS-2D para estimar o padrão de humidade para a rega gota-a-gota subterrânea, mas não compararam os resultados das simulações HYDRUS-2D com dados experimentais reais. (Skaggs, et al. 2004) realizou uma análise extensiva de múltiplas experiências de campo de irrigação por gotejamento subsuperficial, e comparou com sucesso os padrões de molhamento observados com as previsões do modelo HYDRUS-2D. (Lazarovitch, et al. 2007) implementou no HYDRUS-2D uma nova condição de fronteira dependente do sistema que considera as propriedades da fonte, a pressão de entrada e os efeitos das propriedades hidráulicas do solo na descarga calculada da fonte subsuperficial e validou o código resultante contra dados experimentais transientes.

Hanson, et al. (1997) mostraram, através do software SURFER10, que o padrão de humedecimento sob rega diária apresenta um teor de humidade relativamente elevado, num padrão triangular, a profundidades superiores à profundidade da fita. Para qualquer profundidade, o teor de humidade do solo diminui com a distância lateral da fita. Além disso, ele descobriu que para qualquer distância da fita, a umidade do solo aumentava com a profundidade até o teor máximo de umidade. Diretamente acima da fita de gotejamento, este aumento ocorreu ao longo do intervalo de profundidade da fita. Ele também descobriu que a distância de cerca de 50 cm da fita de gotejamento foi aumentada para o teor de humidade máxima ocorreu ao longo de um intervalo de profundidade de cerca de 55 cm.

Mario, et al. (2011) observaram que no software SURFER os dados são convertidos numa folha de cálculo de três colunas com coordenadas x, y e valores z correspondentes aos valores de reflectância. (Nikolova, e Vassilev, 2010) conduziram que o software Surfer suporta sete funções comuns de variograma: esférica, exponencial, linear, gaussiana, efeito buraco, quadrática e quadrática racional.

4. Material e métodos

4.1. Localização do sítio experimental:

As experiências de campo foram conduzidas numa área de 26m por 11m localizada na quinta pedagógica da Faculdade de Ciências da Alimentação e Agricultura, Universidade Rei Saud, Riade, Arábia Saudita, na Latitude N: 24° 44 11 e Longitude 46° 37 04, como se mostra na Figura (4-1):

Figura 4-1: Localização do sítio experimental

4.2. Análise do solo:

As amostras de solo recolhidas no campo a várias profundidades do perfil do solo foram analisadas quanto ao tipo e textura do solo. Além disso, a capacidade de campo do solo e o ponto de murchamento também foram determinados utilizando métodos gravimétricos que foram utilizados por (Johnson, 1962). O solo do campo de estudo foi classificado como solo franco-arenoso. As propriedades físicas e químicas são apresentadas na Tabela (4-1).

Quadro 4-1: Dados da análise do solo

Textura do solo	Areia grossa	76.4%
Classe de textura = Solo arenoso	Areia fina	7.5%
	Silte	12.3%
	Argila	3.8%
Capacidade de campo do solo $(\theta)_{fc}$	12.88%	
Ponto de murchamento do solo $(\theta)_{wp}$	4.25%	
pH do solo	7.81	
CE do solo (dS/m)	1.61	

4.3. Medição das descargas dos emissores:

Para avaliar os emissores utilizados no estudo a uma taxa de descarga constante de cerca de 4L/h, os emissores laterais do sistema foram avaliados. Três tipos de sistemas de irrigação foram adotados no estudo, a saber, irrigação por gotejamento superficial, irrigação subsuperficial e sistemas de irrigação subsuperficial Kapillary. Cada sistema de irrigação tem 3 segmentos laterais de 3m de comprimento. Uma extremidade é conectada com uma pequena bomba, tanque de água, válvula e manômetro, como mostrado nas Figuras (4-2 e 4-3) e cada lateral tem 6 emissores. O espaçamento entre emissores foi de 50 cm. Cada sistema foi operado com duas pressões 0,5 e 1,0 bar. Cada sistema de irrigação foi operado por 5 minutos, e repetido três vezes em cada pressão. A taxa de descarga de cada emissor foi calculada através da recolha do volume de água em latas de recolha, como se mostra na Figura (4-3).

Figura 4-2: O esquema do sistema de irrigação durante a avaliação

Figura 4-3: As medições das descargas dos emissores utilizando bidões de recolha

O volume de água recolhido nas latas de recolha foi dividido pelo tempo de rega para determinar a taxa de descarga do emissor, como mostra a Eq. (4-1).

$$Q = \frac{V}{t} \quad .... (4\text{-}1)$$

Onde:

Q: caudal de descarga (L/h).

V: volume de água nas latas (L).

t: tempo de aplicação (h).

4.4. Instalação do sistema de irrigação e disposição dos campos:

As experiências serão efectuadas no campo. Três sistemas de irrigação foram utilizados no estudo. Irrigação por gotejamento de superfície (DIS), sistema de irrigação subsuperficial (SIS) e sistema de irrigação kapillary subsuperficial (KISSS) como mencionado anteriormente. A lateral para (SIS) e (KISSS) instalada em duas profundidades sob a superfície do solo, estas profundidades foram de 15 e 25 cm, no entanto, estas duas profundidades de instalação têm sido amplamente utilizadas. Estudos realizados por (Zin ElAbedin, 2006) indicaram que a distribuição do teor de humidade para ambos os planos verticais indicou que a linha de gotejamento a 15 cm de profundidade foi melhor do que a profundidade de 10 cm. Isso significa que o campo foi dividido em cinco parcelas principais (DIS, SIS15, SIS25, KISSS15 e KISSS25) como mostrado na Figura (4-4). Cada sistema foi projetado e instalado para cada parcela do campo com laterais. Cada parcela é constituída por três laterais, com um comprimento de 3 m. As laterais foram ligadas a laterais subprincipais de PVC, que foram ligadas à linha principal de aço galvanizado. A linha principal, a linha secundária e as linhas laterais foram colocadas acima ou abaixo da superfície do solo, de acordo com o sistema de irrigação utilizado no estudo. Estas parcelas principais foram replicadas três vezes, como se mostra na Figura (4-4).

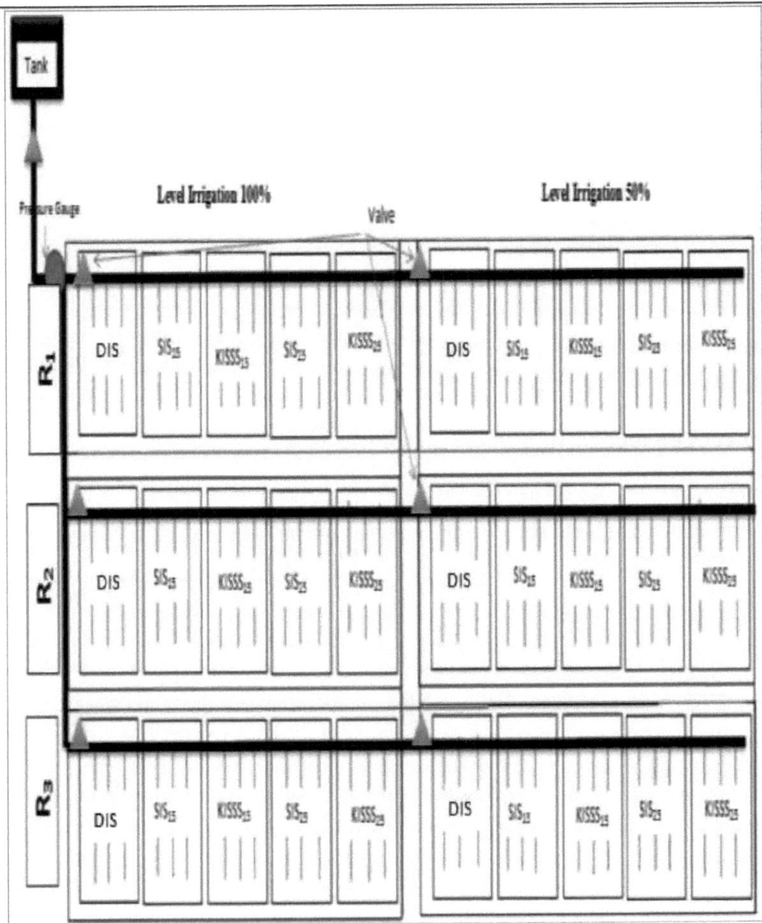

Figura 4-4: Disposição do campo experimental

4.5. Irrigação aplicada:

Dois níveis de irrigação foram aplicados nas parcelas 100% da irrigação total necessária para irrigar as hortaliças pelos três sistemas de irrigação (simbolizado por I100) e 50% da irrigação total necessária para as culturas (simbolizado por I50). Estes dois níveis de irrigação foram aplicados dependendo do tempo necessário para irrigar as culturas hortícolas por dia sob o sistema de irrigação por gotejamento. O tempo necessário para a irrigação total foi retirado da Tabela (4-2). No nível de irrigação de 100% (I100), o tempo de irrigação foi de 2 horas, e para o nível de irrigação de 50% (I50) foi de 1 hora. A taxa de descarga dos emissores foi de (4L/h) à pressão de (1,0) bar.

Quadro 4-2: Programa de rega com gotejador em solo arenoso

Tipo de plantas	Tempo de rega	Em clima quente	Em clima quente	Em clima frio
Flores, legumes	30 min - 1 h	1-2 dias	3 dias	3-4 dias
Pequenas árvores ou arbustos	1-2 h	1 -2 dias	2-3 dias	3-4 dias
Vinhas	3-6 h	1 -2 dias	2-3 dias	3-4 dias
Árvores ou arbustos médios	5-7 h	2-3 dias	2-3 dias	4-5 dias
Árvores ou arbustos de grande porte	6-8 h	1 -2 dias	2-3 dias	5-6 dias

* Pessoal do Depósito 2012

A utilização de dois níveis de irrigação por cada sistema de irrigação foi realizada para estudar os padrões de humidade do solo ao longo do perfil do solo que resultaram de diferentes tipos de sistemas de irrigação e níveis de aplicação de água.

4.6. Medições do teor de humidade do solo:

Para investigar a distribuição do movimento da água em cada tipo de sistema de irrigação com dois níveis diferentes de irrigação, o teor de humidade do solo através do perfil do solo foi determinado utilizando um sensor de humidade do solo chamado waterscout SM100, como se mostra na Figura (4-5).

O sensor SM100 é composto por dois eléctrodos que funcionam como um condensador, com o solo circundante a servir de dielétrico. Um oscilador de 80 MHz acciona o condensador e um sinal proporcional à permissividade dieléctrica do solo é convertido no sinal de saída.

O teor de humidade do solo foi medido a várias profundidades utilizando o sensor de humidade do solo SM 100, como se mostra na Figura (4-5a). Este sensor pode medir o teor de humidade do solo com pouca ou nenhuma perturbação da zona radicular. A forma fina e a ponta pontiaguda permitem uma fácil inserção no solo ou no meio de crescimento. A manutenção de um equilíbrio hídrico saudável é essencial para a produção de plantas de elevada qualidade, como se mostra na Figura (4-5b).

Figura 4-5: Humidade do solo Waterscout SM 100: sensor (a), ecrã digital (b)

4.7. Calibração no terreno do sensor de humidade do solo SM100:

A calibração do sensor de solo SM100 foi realizada no campo, comparando o teor de humidade volumétrico do solo medido pelo método gravimétrico. Foram recolhidas amostras de solo do campo de diferentes profundidades e comparadas com as leituras do sensor no local.

O peso de cada amostra húmida e seca foi determinado e o teor volumétrico de água em cada amostra de dados foi calculado como

$$VWC = \frac{m_w - m_d}{V_t * \rho_w} \quad \text{....................} \ (4\text{-}2)$$

Onde:

VWC: teor volumétrico de água (%).

m_w: massa de solo húmido (gm).

m_d: massa de solo seco (gm).

ρ_w: densidade da água (g/cm^3).

4.8. Medição dos locais de amostragem do solo nas direcções horizontal e vertical:

Os teores de humidade do solo foram determinados a diferentes distâncias horizontais à linha lateral (0, 10, 15 e 25 cm) e a várias profundidades verticais a partir da linha do emissor (7,5, 20, 30 e 50 cm), como se mostra na Figura (4-6). Os teores de humidade do solo foram medidos a diferentes profundidades abaixo da superfície do solo e o tempo de medição foi de 24 e 48 horas após a aplicação da água, como mostra a Tabela (4-3). As leituras foram efectuadas através da inserção do sensor SM100 em cada ponto, utilizando um trado manual para escavar o local.

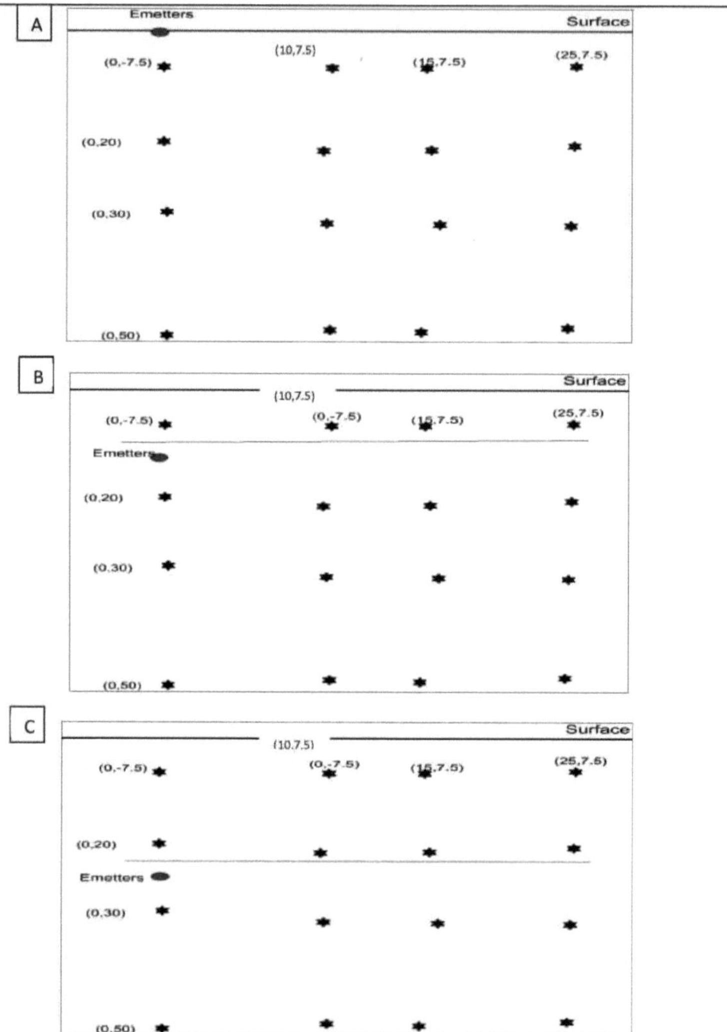

Figura 4-6: O local de amostragem do solo a partir do emissor mede o teor de humidade do solo: A- para DIS. B- para SIS_{15} e $KISSS_{15}$. C. para SIS_{25} e $KISSS_{25}$

Para determinar as posições dos emissores sob o solo para a rega KISSS e SIS, foram colocadas pequenas varas antes de rebentar as laterais, como se mostra na Figura (4-7).

Quadro 4-3: Detalhe dos tratamentos e réplicas utilizados

Parcelas principais (sistemas de irrigação) (5)	DIS, $KISSS_{15}$, SIS_{15}, $KISSS_{25}$ e SIS_{25}
Subparcela (Níveis de rega) (2)	50% e 100%
Sub-sub-plot (Tempo de medição) (2)	24 e 48h após a irrigação

Replicação	3
Variáveis	16 pontos

Figura 4-7: Determinação da profundidade da posição do emissor sob a superfície do solo

4.9. Simulações de padrões de humidade:

Os padrões de distribuição da humidade do solo ao longo do perfil do solo, resultantes de cada sistema de irrigação com dois níveis de irrigação e sob profundidades e distâncias variáveis, foram determinados utilizando o software SURFER10. O software SURFER10 é um programa de mapeamento baseado em grelha que interpola dados irregularmente espaçados (X, Y e Z) para uma grelha regularmente espaçada. Para este efeito, foi utilizado o modelo de krigagem Surfer10. O modelo de krigagem é um método de grelha geoestatística que se tem revelado útil e popular em muitos domínios. Este método produz mapas visualmente apelativos a partir de dados irregularmente espaçados. A krigagem tenta exprimir as tendências sugeridas nos dados, de modo a que, por exemplo, os pontos altos possam estar ligados ao longo de uma crista em vez de isolados por contornos de tipo (Eddie e Marianthi, 2009).

Timothy, (2001) observou que os modelos de krigagem combinam um modelo global com desvios localizados:

$$y(x) = f(x) + z(x) \ldots\ldots\ldots\ldots\ldots (4\text{-}3)$$

Em que $y(x)$ é a função desconhecida de interesse, $f(x)$ é a função de aproximação conhecida (geralmente polinomial) e Z(x) é a realização de um processo estocástico com média zero, variância σ^2 e covariância diferente de zero. O termo $f(x)$ na Eq. (4-4) é semelhante a uma superfície de resposta polinomial, fornecendo um modelo "global" do espaço de projeto.

Enquanto $f(x)$ aproxima globalmente o espaço de projeto, Z(x) cria desvios "localizados" de modo a que o modelo de krigagem interpole os pontos de dados amostrados; no entanto, podem também ser criados modelos de krigagem não-interpolados para suavizar dados ruidosos. A matriz de covariância de Z (x) é dada pela Eq. (4-4).

$$\mathrm{Cov}[Z(X^{i}),Z(X^{j})] = \sigma^{2}R([R(X^{i},X^{j})] \quad \text{..........} (4\text{-}4)$$

Onde: *f*(x) é assumido como sendo a constante. As estimativas de máxima verosimilhança (ou seja, "melhores suposições") utilizadas para ajustar um modelo de krigagem são obtidas resolvendo a Eq. (4-5).

$$\max_{\theta k>0}\Phi(\theta_{k}) = -\frac{[n_{s}\ln(\sigma^{2})+\ln|R|]}{2} \quad \text{..........} (4\text{-}5)$$

Em que tanto (σ2) como (R) são funções de (θ_c). Embora qualquer valor para θ_k crie um modelo de krigagem interpolativo, o "melhor" modelo de krigagem é encontrado através da resolução do problema de otimização não linear sem restrições k-dimensional dado pela Eq. (4-5).

4.10. Avaliação no terreno da uniformidade da aplicação de água:

As avaliações da uniformidade de aplicação de água dos emissores de cada sistema de rega foram determinadas com base nos dados de humidade do solo. Apreciação da uniformidade dos padrões de água no perfil do solo sob cada sistema de irrigação na direção horizontal e vertical. O coeficiente de uniformidade (Cu), como mostra a Eq. (4-6), foi determinado a partir de dados médios de medição da humidade do solo a 4 profundidades (7,5, 20, 30 e 50 cm) a diferentes distâncias dos emissores (0, 10, 15 e 25 cm). Estas médias foram calculadas para cada nível de irrigação 50% e 100%, para 24 e 48h de irrigação nas direções vertical e horizontal da linha de gotejamento.

A equação de Cu é escrita como:

$$Cu = \left\{1 - \frac{\sum_{i=1}^{i=n}|x_i - \bar{X}|}{n.\bar{X}}\right\} * 100 \quad \text{..........} (4\text{-}6)$$

Onde:

Cu: Coeficiente de uniformidade (%).

x_i: leitura da humidade do solo.

X : Leitura média da humidade em cada coluna e linha.

Também a distribuição de uniformidade (Du) foi calculada a partir da Eq. (4-7) para a direção vertical e horizontal.

$$D_u = \{1 - \frac{s_d}{\bar{X}}\} * 100 \quad .... (4\text{-}7)$$

Onde:

Du: Uniformidade de distribuição (%).

s_d: Desvio padrão do teor volumétrico de água.

4.11. Análise estatística:

Como se pode ver no quadro (4-3), a experiência de campo foi dividida em 5 parcelas principais (DIS, KISSS15, KISSS25, SIS15 e SIS25). Sob estas parcelas havia também 2 subparcelas para medições do tempo decorrido 24 e 48 horas após a rega. Também havia 2 sub-parcelas para o nível de irrigação I_{100} e I_{50} . Todos estes tratamentos foram replicados três vezes como mencionado anteriormente. Para o efeito, o desenho estatístico utilizado foi o de parcelas divididas, como se pode ver no esquema de campo da experiência.

5. Resultados e discussão:

5.1. Avaliação de sistemas de irrigação:

A uniformidade do sistema de irrigação foi avaliada através da medição da pressão no sistema em vários pontos e do cálculo dos caudais do sistema utilizando recipientes de recolha.

A uniformidade de aplicação de água em sistemas de irrigação por gotejamento pode ser expressa pela medição de vários parâmetros. Neste estudo, as medidas de pressão e fluxo de água de cada emissor foram avaliadas em relação à taxa de descarga. Uma amostra representativa de emissores de cada sistema de irrigação foi selecionada e avaliada em laboratório e em condições de campo.

5.2. Avaliação laboratorial dos emissores:

Uma avaliação das descargas dos emissores foi feita para as linhas laterais KISSS e REHN que foram usadas no estudo. Note que as linhas laterais REHN foram usadas para os sistemas de irrigação por gotejamento de superfície e subsuperfície. Duas pressões de operação (0.5 e 1.0 bar) foram usadas na avaliação.

Os resultados mostraram que, a uma pressão de funcionamento de 0,5 bar, após 5 minutos do início da experiência, a taxa de descarga média para a lateral REHN foi de 2,304 L/h. No entanto, para a lateral KISSS o caudal foi de 2,421 L/h. Também a uma pressão de funcionamento de 1,0 bar, o resultado mostrou que a descarga após 5 minutos do início da experiência para o REHN foi de 4,085 L/h, enquanto que para o KISSS a descarga à mesma pressão foi de 4,034 L/h, como mostra a Tabela (5-1). A partir das taxas de descarga de diferentes emissores para as várias laterais, os valores de Cu e Cv foram determinados como mostrado na tabela (5-1).

Quadro 5-1: Débito efetivo (L/h) e uniformidade do coeficiente para os dois tipos de laterais a duas pressões de funcionamento

Emissores	Pressão 0,5 bar		Pressão 1,0 bar	
Não.	Descarga de tipos laterais (L/h)			
	KISSS	RHEN	KISSS	RHEN
*E_1	2.360	2.306	4.028	4.070
E2	2.358	2.311	4.036	4.052
E3	2.476	2.298	4.048	4.034
E4	2.452	2.296	4.016	4.136
E5	2.460	2.310	4.044	4.132
Média	**2.421**	**2.304**	**4.034**	**4.085**
Cu	97.63	99.70	99.68	98.86
Cv	0.024	0.003	0.003	0.011

*E: Número de emissores na lateral desde a bomba até às outras extremidades

Assim, os resultados da Tabela (5-1) mostraram que os valores de Cu aumentaram com o aumento da pressão de operação para todas as laterais. O estudo também observou que para os sistemas de superfície e subsuperfície usando a lateral REHN, o coeficiente de uniformidade sob uma pressão de operação de 0,5 bar foi de 99,70%, enquanto que a uma pressão de 1,0 bar o Cu foi de 98,86. Para a lateral KISSS, a uma pressão de 0,5 bar, o Cu foi de 97,63%. No entanto, a uma pressão de 1,0 bar, o Cu foi de 99,68%, como mostra a Tabela (5-1).

O coeficiente de variação (Cv) para a lateral REHN varia entre 0,003 e 0,011. Enquanto que, para a lateral KISSS foi de 0,003 a 0,024, como mostra a Tabela (5-1). A partir destes resultados, a lateral RHEN a 0,5 bar deu os valores mais altos de Cu e Cv; enquanto a lateral KISSS teve melhor desempenho a 1,0 bar em comparação com as laterais RHEN (Tabela 5.1).

Com o estudo de (Janani, et al. 2011) observou-se que, sob uma certa pressão, a taxa de emissão de um tubo poroso diminui com o tempo, inicialmente a taxa de emissão aumentou drasticamente, depois diminuiu gradualmente e finalmente atingiu um estado estável. Mas o seu coeficiente de variação (Cv) apenas flutua dentro de um intervalo. Estas variações podem dever-se à alteração da microestrutura da parte porosa.

5.3. Calibração no terreno do sensor SM100:

A percentagem do teor volumétrico de água (VWC) foi ajustada a partir da leitura do sensor SM100 utilizando a equação (5-1). A análise de regressão, como se mostra na Figura (51), foi efectuada entre as leituras do sensor SM100 (eixo X) e as medições do VWC (eixo Y) e observou-se que o fator de correlação era bom com o R^2 de (0,869). Assim, o sensor SM 100 foi utilizado neste estudo para cumprir o objetivo.

$$\mathrm{VWC} = 1.71 * \quad ^{0.712}$$

Onde: VWC: teor volumétrico de água.

V: Saída de leitura do sensor Sm100.

Quadro 5-2: Medições do teor volumétrico de água e leituras do sensor SM100 para amostras de solo

Amostra de solo	Leituras do sensor de solo SM100	Teor volumétrico de água%
S1	41.5	24.89
S2	37.5	21.52
S3	35.4	20.06
S4	31.7	21.42
S5	30.5	19.52
S6	43.6	25.59
S7	34.6	21.14
S8	23.9	16.73
S9	39.4	25.03

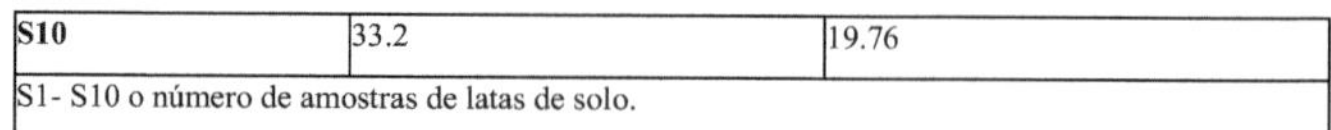

S10	33.2	19.76
S1- S10 o número de amostras de latas de solo.		

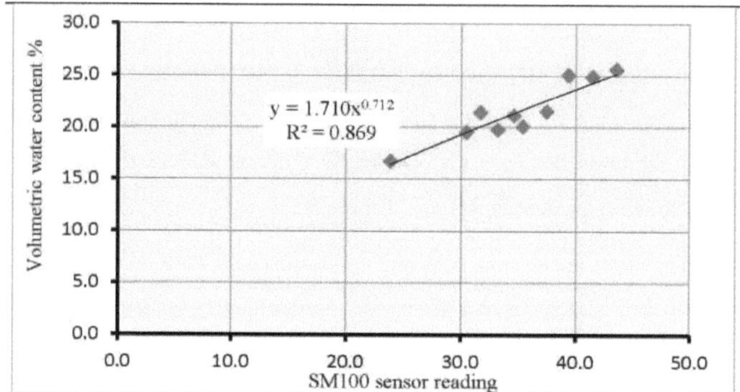

Figura 5-1: A relação entre as leituras do sensor Sm100 e a medição do conteúdo volumétrico de água

5.4. Avaliação no terreno da distribuição da humidade no solo:

O principal objetivo da avaliação de campo foi determinar a uniformidade e a distribuição dos padrões de humidade do solo resultantes dos sistemas de irrigação de superfície, subsuperficial e Kapillary. Além disso, o coeficiente de uniformidade (Cu) e a uniformidade de distribuição (Du) da água ao longo do perfil do solo a diferentes profundidades da superfície do solo ao longo da lateral com várias distâncias foram determinados a partir do emissor de cada sistema de irrigação. As secções seguintes apresentam e discutem a uniformidade de distribuição de água sob o emissor a diferentes profundidades a partir da superfície do solo (7,5, 20, 30 e 50 cm) com várias distâncias ao longo da lateral (0, 10, 15 e 25 cm) para cada sistema de rega utilizado neste estudo. Esta avaliação da uniformidade de distribuição de água através dos perfis do solo foi determinada quando foram utilizados dois níveis de irrigação (50% e 100%) aplicados por cada sistema de irrigação, e dois tempos de medição da uniformidade. Estes tempos foram 24 e 48 horas após a interrupção da rega.

5.4.1. Coeficiente de uniformidade (Cu):

5.4.2.1. Coeficiente de uniformidade na direção horizontal:

Esta secção irá mostrar e discutir a variação do coeficiente de uniformidade da humidade do solo ao longo do perfil do solo na direção horizontal para a linha lateral a cada profundidade a partir da superfície do solo, resultante de cada sistema de rega. Os valores de Cu na direção horizontal ao longo da linha lateral a diferentes profundidades para os sistemas KISSS, DIS e SIS foram determinados e mostrados na Figura (5-2) e nas Tabelas (A-6) e (A-7) no apêndice A. A partir desta figura e tabelas pode-se notar que cada sistema de irrigação teve um desempenho diferente com valores de Cu em cada profundidade do solo ao longo da linha lateral. Mas os resultados do estudo mostraram que tanto o KISSS15 como o KISSS25 a duas profundidades diferentes foram mais uniformes em comparação com os outros sistemas. Além disso, os valores de Cu para o sistema KISSS foram mais elevados em comparação com os valores de Cu para os sistemas de irrigação DIS e SIS ao longo da lateral em profundidades (7,5, 20, 30 e 50 cm) a partir da superfície do solo a 50% do nível de irrigação após 24 horas da irrigação, como mostrado na Figura (5-2).

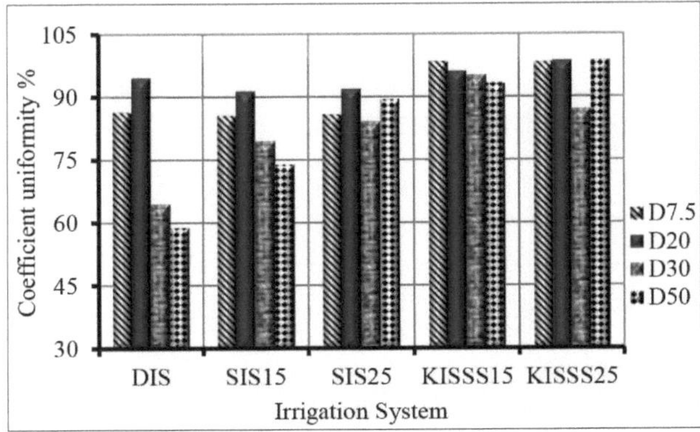

Figura 5-2: Coeficiente de uniformidade após 24h a um nível de irrigação de 50% em diferentes profundidades horizontais sob a superfície do solo

Além disso, os resultados do estudo mostraram que os valores do coeficiente de uniformidade variaram dependendo do tipo de sistema de irrigação, como mostrado na Figura (5-2). A partir desta figura pode-se notar que a maior uniformidade foi realizada com profundidade de 20cm para todos os sistemas, exceto KISSS15, e os valores mais baixos com DIS em profundidades mais profundas abaixo da superfície do solo (30 e 50 cm).

Além disso, os resultados indicaram que o KISSS25 apresentou o valor mais elevado a uma profundidade de 20 cm abaixo da superfície do solo, com um valor de Cu de 98,86%, em comparação com os outros sistemas de rega, como se mostra no Quadro (A-6). No entanto, o valor mais baixo de Cu foi de 59,05% com o sistema DIS a 50 cm de profundidade. Além disso, a Tabela (A-6) no apêndice A, revelou que o valor de Cu a uma profundidade de 7,5 cm abaixo da superfície do solo para KISSS25 e SIS25 foi de 98,43% e 85,89%, respetivamente, quando os laterais foram instalados a uma profundidade de 25 cm abaixo da superfície do solo. Por outro lado, os resultados mostraram que o coeficiente de uniformidade para o DIS foi de 86,5%.

No entanto, os valores de Cu para os cinco sistemas de irrigação (DIS, SIS15, SIS25, KISSS15 e KISSS25) em 48h após a irrigação com nível de irrigação de 50% foram determinados e mostrados na Figura (5-3). Os resultados mostraram que os valores de Cu a diferentes profundidades a partir da superfície do solo numa direção horizontal ao longo da linha lateral foram mais elevados para o sistema KISSS em comparação com os sistemas DIS e SIS a todas as profundidades (ou seja, 7,5, 20, 30 e 50 cm), como se mostra na Figura (5-3). Além disso, na Figura (5-3), os valores mais baixos de Cu foram produzidos pelo sistema DIS. Estes resultados obtidos estavam de acordo com os estudos de (Al-Ghobari e, El-Marazky, 2012), onde os valores médios de Cu para um sistema de irrigação subsuperficial resultaram em maior Cu do que o sistema de gotejamento de superfície em qualquer profundidade do perfil do solo e tempo de medições (24 e 48h) após a irrigação .

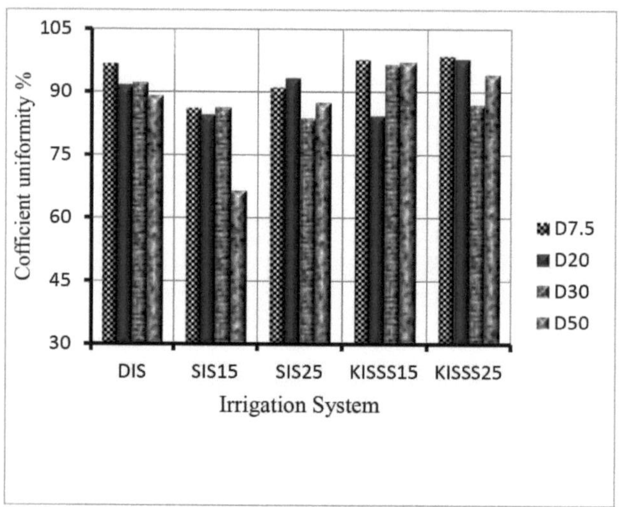

Figura 5-3: Coeficiente de uniformidade após 48h de irrigação a 50% do nível de irrigação em diferentes profundidades horizontais sob a superfície do solo

Os valores mais elevados de Cu no

direção horizontal acima das linhas laterais para o sistema KISSS em comparação com os outros sistemas de irrigação pode ser devido à fita plástica colada ao geotêxtil abaixo da linha do emissor no sistema KISSS, fazendo com que a água de descarga seja deflectida para cima e impedindo a abertura de túneis abaixo da linha lateral.

Os resultados da uniformidade da distribuição da água foram comparados para todos os sistemas de irrigação com níveis de irrigação de 50% e 100%, como mostrado nas Figuras (5-4) , (5-5) e Figura (A-7) no Apêndice. Pode notar-se que os valores de Cu com um nível de irrigação de 100% foram mais elevados em comparação com os valores de Cu com um nível de irrigação de 50% para todos os diferentes sistemas de irrigação utilizados no estudo, como se mostra na Figura (5-4). Mas o sistema KISSS distribuiu a água de forma mais uniforme do que os sistemas DIS e SIS. Portanto, isso pode indicar que a camada impermeável sob a linha de gotejamento com KISSS melhora a uniformidade da água na zona radicular acima da linha lateral em comparação com os sistemas DIS e SIS. Isto pode melhorar a fase de estabelecimento da cultura, quando as raízes superficiais são incapazes de utilizar a água profunda no perfil.

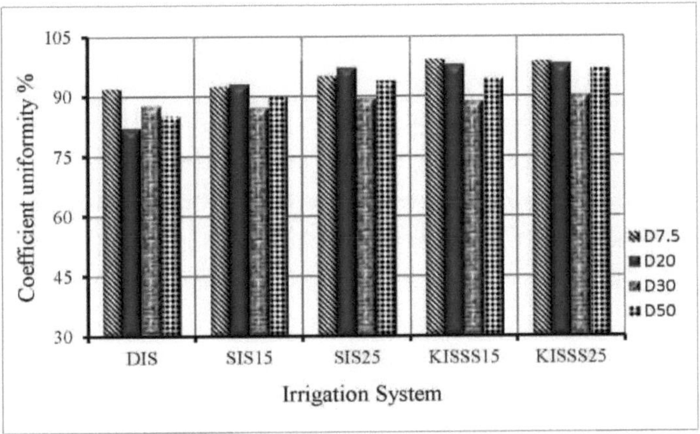

Figura 5-4: Coeficiente de uniformidade após 24h com nível de irrigação de 100% em diferentes profundidades sob a superfície do solo ao longo das linhas laterais

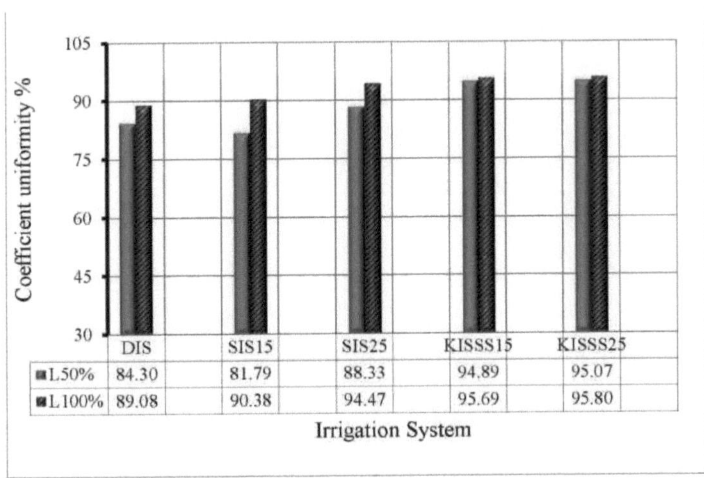

	DIS	SIS15	SIS25	KISSS15	KISSS25
L50%	84.30	81.79	88.33	94.89	95.07
L100%	89.08	90.38	94.47	95.69	95.80

Figura 5-5: Coeficiente de uniformidade para diferentes sistemas de irrigação com níveis de irrigação de 50 % e 100 % em diferentes profundidades sob a superfície do solo ao longo da linha lateral

5.4.2.2. Coeficiente de uniformidade na direção vertical:

Os valores de Cu para os sistemas de irrigação com dois níveis de irrigação (50% e 100%) e em dois tempos de medição (24 e 48 horas) foram determinados verticalmente abaixo da superfície do solo a várias distâncias verticais do emissor (0, 10, 15 e 25 cm), como mostrado nas Figuras (5-6 a 5-8).

Pode notar-se nas Figuras (5-6 a 5-8) que o coeficiente de uniformidade na direção vertical do DIS teve um melhor desempenho e valores elevados de Cu em comparação com os outros sistemas de irrigação. Além disso, o KISSS apresentou os valores mais baixos de Cu para 24 e 48h após a irrigação em cada nível de irrigação (50% e 100%), conforme mostrado na Figura (5-8). A Figura (5-8) também mostrou que o aumento do nível de irrigação de 50% para 100% causou um aumento nos valores de Cu na direção vertical para DIS e SIS, enquanto que diminuiu para os sistemas KISSS utilizados no estudo. No entanto, os valores de Cu a 50% do nível de irrigação foram de 84,93%, 84,91% e 66,20% para DIS, SIS15 e KISSS15, respetivamente. Enquanto que ao nível de 100% de irrigação os valores de Cu foram 88,14%, 85,91% e 60,58% para DIS, SIS15 e KISSS15, respetivamente. Este aumento de Cu com DIS e SIS pode ser devido ao aumento do movimento vertical da água para baixo sob o emissor do sistema DIS e SIS e este movimento vertical pode ser devido ao solo arenoso que foi utilizado na experiência. Cote, et al. (2003) verificaram que as propriedades hidráulicas do solo influenciam grandemente a geometria do padrão de humedecimento. Enquanto que, a camada impermeável com o sistema KISSS impediu que a água se movesse para baixo abaixo da linha de gotejamento e isso resultou em baixos valores de Cu.

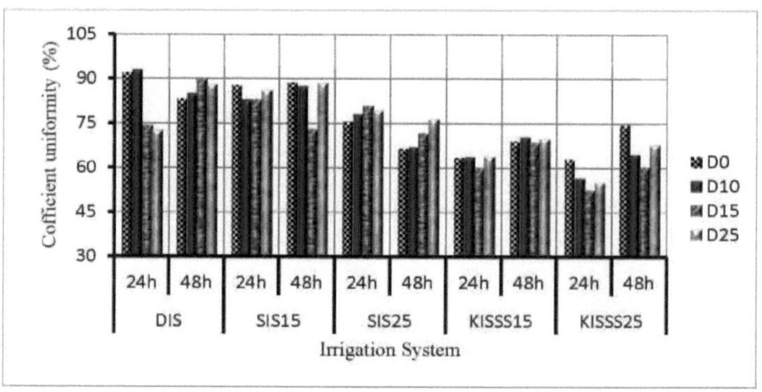

Figura 5-6: Coeficiente de uniformidade após 24 e 48 de irrigação a 50% de nível de irrigação na direção vertical a diferentes distâncias dos emissores

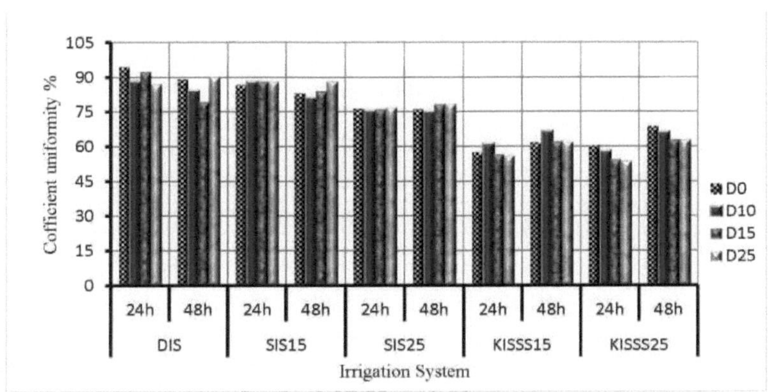

Figura 5-7: Coeficiente de uniformidade após 24 e 48 dias de irrigação a 100% do nível de irrigação na direção vertical a diferentes distâncias dos emissores

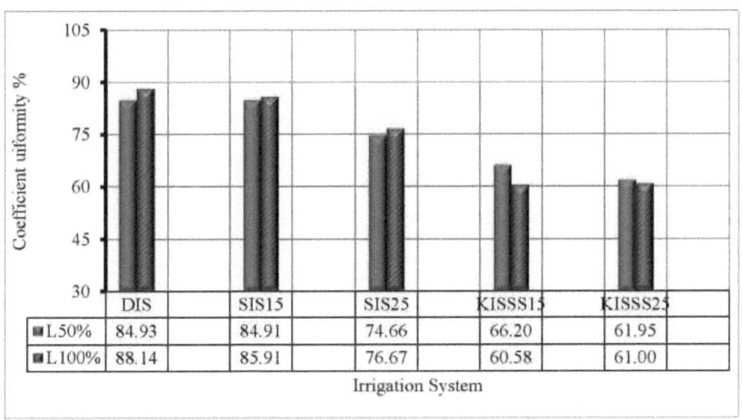

	DIS	SIS15	SIS25	KISSS15	KISSS25
L50%	84.93	84.91	74.66	66.20	61.95
L100%	88.14	85.91	76.67	60.58	61.00

Figura 5-8: Coeficiente de uniformidade para diferentes sistemas de irrigação ao nível de (50 e 100) % da média dos dados de irrigação na direção vertical a distâncias do emissor

A análise do estudo mostrou que a uniformidade de distribuição de água para o KISSS foi mais uniforme na direção horizontal acima da linha de gotejamento em comparação com os sistemas DIS e SIS com dois níveis de irrigação e duas vezes de medições, como mostrado na Tabela (5-3). Além disso, a análise do estudo mostrou que a uniformidade do coeficiente de água (Cu) para KISSS foi menos uniforme na direção vertical abaixo em comparação com os sistemas DIS e SIS. Isto pode dever-se ao aumento dos padrões de humidade do solo na direção vertical em solos arenosos. Por conseguinte, pode concluir-se que no sistema KISSS foi observado um teor de água mais uniforme na zona radicular acima da linha lateral do que nos sistemas DIS e SIS, pelo que a drenagem seria menor. Isto conduzirá a uma melhor zona de crescimento para a germinação e estabelecimento da cultura.

Tabela 5-3: Coeficiente de uniformidade na direção vertical a diferentes distâncias do emissor e a 100% de nível de irrigação

Distância	DIS		SIS15		SIS25		$KISSS_{15}$		$KISSS_{25}$	
	24h	48h	24h	48h	24h	48h	24h	48h	24h	48h
0	94.46	89.09	86.57	82.96	76.44	76.12	57.71	61.76	60.31	68.64
10	88.47	84.38	88.23	81.34	75.76	75.29	61.41	66.94	58.24	66.51
15	92.17	79.34	88.03	83.85	76.19	78.14	56.69	62.12	54.51	63.03
25	86.93	90.26	87.94	88.33	77.01	78.40	56.07	61.96	53.84	62.88
Média	90.51	85.77	87.69	84.12	76.35	76.99	57.97	63.19	56.73	65.27
	88.14		85.91		76.67		60.58		61.00	

5.4.3. Uniformidade de distribuição (Du):

A uniformidade de distribuição da avaliação da água foi determinada através dos perfis do solo para dois níveis de irrigação (50% e 100%) para cada sistema de irrigação (DIS, SIS e KISSS) em dois momentos de medições (24 e 48h) após a irrigação.

5.4.3.2. Uniformidade de distribuição na direção vertical:

Os valores da uniformidade de distribuição para os sistemas de rega com dois níveis de rega (50 e 100%) e dois tempos de medição (24 e 48 horas) foram determinados na direção vertical abaixo da superfície do solo a várias distâncias do emissor (0, 10, 15 e 25 cm), como se mostra nas Figuras (5-9 e 5-10).

A Figura (5-9) mostra que a uniformidade de distribuição em uma direção vertical abaixo da superfície do solo em várias distâncias do emissor (0, 10, 15 e 25cm) a 50% do nível de irrigação que Du para o sistema de irrigação por gotejamento (DIS) foi maior em comparação com o sistema de irrigação subsuperficial (SIS) e sistema de irrigação kapillary sub-superficial (KISSS) em cada profundidade ao longo da linha lateral para 24 e 48 horas, No entanto, o KISSS15 em 24 horas após a irrigação deu os menores valores de Du na direção vertical a várias distâncias do emissor, isto pode ser devido à membrana de base de polietileno impermeável sob a linha de gotejamento que restringe a drenagem e incentiva a propagação longitudinal da água. Estes resultados para os sistemas DIS e SIS estavam de acordo com os resultados obtidos por (Mirjat, et al. 2010), onde o movimento da água abaixo do ponto de emissão foi mais pronunciado na direção vertical.

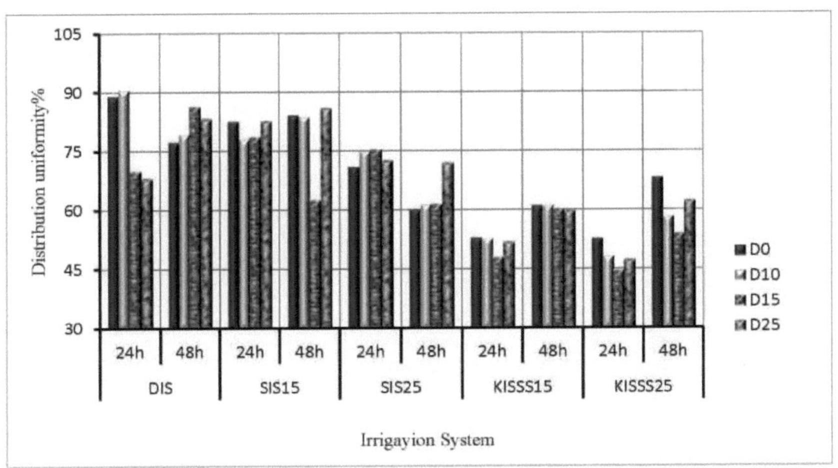

Figura 5-9: Uniformidade de distribuição após 24 e 48h de irrigação a 50% do nível de irrigação (distância vertical dos emissores)

Além disso, a tabela (5-4) indica que o DIS alcançou um valor mais elevado de Du com 87,80% ao nível de 100% de irrigação na direção vertical. Enquanto que para a irrigação subsuperficial a profundidades laterais de 15cm (SIS15) e 25cm (SIS25) foram 81,38% e 67,63% respetivamente.

A tabela (5-4) também ilustrou que o KISSS15 deu o valor mais baixo de Du com 40,09% às 24 horas após a irrigação. A partir destes resultados, pode inferir-se que o teor de humidade foi deslocado acima da lateral, onde se verificaram valores diferentes no teor de humidade do solo perto da superfície e a uma certa profundidade. Estes resultados foram semelhantes aos valores relatados por (Philip, 2003) onde o baixo desempenho da Du foi observado no sistema de irrigação capilar da zona radicular (CRZI) na direção vertical.

Quadro 5-4: Uniformidade de distribuição na direção vertical e a um nível de irrigação de 100%.

Profundidade	**DIS**		SIS15		SIS25		**KISSS$_{15}$**		**KISSS$_{25}$**	
	24h	**48h**	**24h**	**48h**	**24h**	**48h**	**24h**	**48h**	**24h**	**48h**
0	92.27	83.69	83.92	77.22	66.80	66.71	40.55	47.23	49.71	61.40
10	83.70	80.83	86.05	74.97	65.87	66.51	43.07	54.53	48.28	59.44
15	90.29	75.83	84.42	78.25	67.63	69.37	38.12	47.35	44.87	54.50
25	83.68	88.12	83.04	83.16	68.83	69.29	38.60	47.21	44.77	56.01
Média	**87.48**	**82.12**	**84.36**	**78.40**	**67.28**	**67.97**	**40.09**	**49.08**	**46.91**	**57.84**
	84.80		81.38		67.63		44.58		52.37	

Assim, os resultados elucidaram que a uniformidade de distribuição para um KISSS foi baixa na direção vertical abaixo da superfície do solo em diferentes distâncias do emissor. Além disso, a figura (5-10) mostrou que os valores de Du para sistemas de gotejamento a 50% do nível de irrigação foram maiores em comparação com os valores de Du a 100% do nível de irrigação para KISSS15 e KISSS25, que pode ser a proporção da aplicação movendo-se para baixo sob a influência da gravidade em comparação com a ação capilar. Os valores de Du para KISSS15 e KISS25 foram 44,58% e 52,37, respetivamente. Também a Figura (5-10) ilustrou que o aumento da quantidade de água aplicada causou o aumento dos valores de uniformidade de distribuição na direção vertical para os sistemas de irrigação por gotejamento superficial e subsuperficial. O aumento dos valores de Du pode ser devido ao aumento da percolação profunda com sistemas de gotejamento superficial.

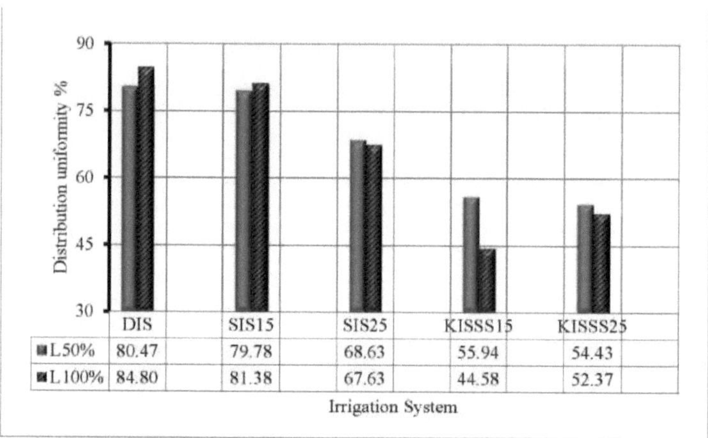

Figura 5-10: Uniformidade de distribuição para diferentes sistemas de rega a um nível de (50, 100) % de rega (dados de diferentes distâncias verticais médias do emissor)

5.4.3.3. Uniformidade de distribuição na direção horizontal:

Esta secção irá discutir as diferenças nos valores da uniformidade de distribuição ao longo de cada lateral na direção horizontal ao longo da linha lateral a diferentes profundidades abaixo da superfície do solo (i.e. 7.5, 20, 30 e 50cm). Os resultados do estudo mostraram que, a um nível de irrigação de 50%, com dois tempos de medição (24 e 48 h), a uniformidade de distribuição foi de 80,91%, 77,62%, 85,24%, 92,98% e 93,13% para DIS, SIS15, SIS25, KISS15 e KISS25, respetivamente, como mostra a Tabela (5-5). Isto significa que a uniformidade de distribuição (Du) a 50 % do nível de irrigação na direção horizontal para o sistema de irrigação por capilaridade subsuperficial foi melhor comparado com os sistemas de irrigação por gotejamento de superfície e subsuperficial.

Quadro 5-5: Uniformidade de distribuição na direção horizontal a diferentes profundidades sob a superfície do solo e com um nível de irrigação de 50%

Profundidade	DIS		SIS15		SIS25		$KISSS_{15}$		$KISSS_{25}$	
	24h	48h	24h	48h	24h	48h	24h	48h	24h	48h
7.5	84.12	95.34	82.79	83.84	83.49	89.08	98.39	96.56	97.56	97.97
20	93.61	88.55	89.94	81.46	89.14	90.58	94.42	79.01	98.24	96.93
30	59.03	88.35	75.66	81.48	80.34	80.96	93.68	95.34	82.38	81.65
50	51.76	86.49	64.57	61.26	85.94	82.39	90.23	96.20	98.51	91.77

Média	72.13	89.68	78.24	77.01	84.73	85.75	94.18	91.78	94.17	92.08
	80.91		77.62		85.24		92.98		93.13	

Além disso, com o aumento do nível de irrigação para 100%, como mostrado na Figura (5-11), a uniformidade da distribuição foi observada no sistema KISSS, enquanto que nos sistemas SIS e DIS foi menor. No entanto, os valores de Du a 100% do nível de irrigação foram de 94,25% para o KISSS15 e para o SIS15 foram de 87,73%, enquanto que para o DIS foram de 85,15%, como se pode ver na Figura (5-11). Os valores mais elevados de Du a 100% do nível de irrigação podem ser devidos ao aumento do volume de solo molhado na direção horizontal, especialmente para o sistema KISSS. Os padrões de humedecimento mais amplos são melhores para o solo e para a planta, tal como (Anon, 2006) ilustrou que o padrão de humedecimento mais amplo e uniforme do solo assegura que as condições da superfície do solo são mais adequadas para as plantas.

Assim, os resultados do estudo mostraram que os valores de uniformidade de distribuição (Du) às 48h após a irrigação para o KISSS foram mais elevados em comparação com os valores Du às 24h após a irrigação para o DIS e SIS, o que pode ser devido ao facto de a fibra capilar do geotêxtil iniciar o movimento capilar da água no solo, fornecendo um número infinito de pontos de absorção ao longo do têxtil onde a água entra no solo. Estes resultados estão de acordo com (Guenter, and Sullings, 2010), que mostraram que o KISSS pode poupar água do solo durante muito tempo.

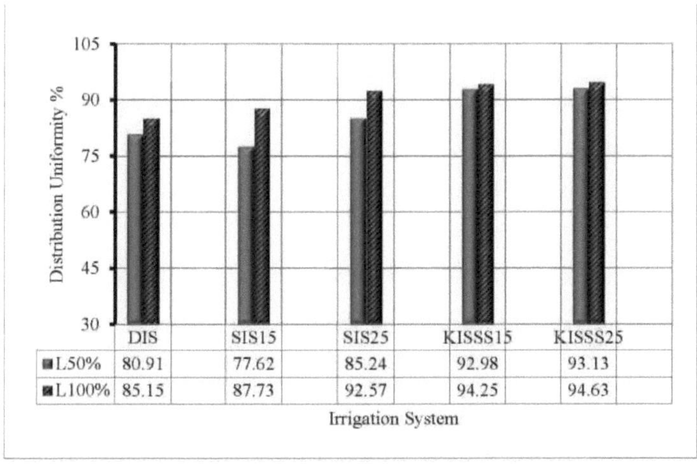

Figura 5-11: Uniformidade de distribuição para diferentes sistemas de irrigação a um nível de (50 e 100) % de irrigação (dados de diferentes profundidades horizontais médias sob a superfície do solo)

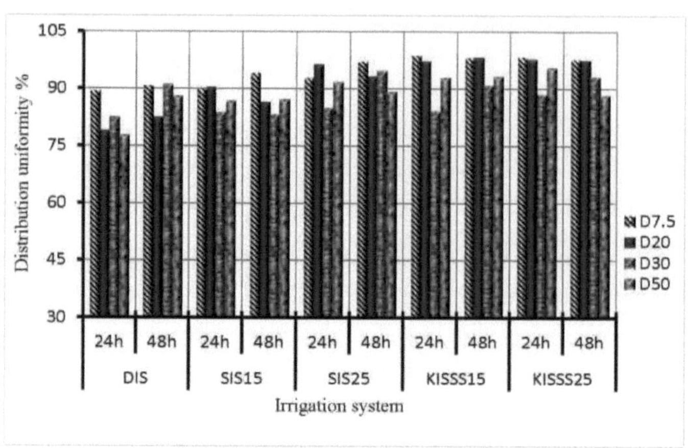

Figura 5-12: Uniformidade de distribuição 24 e 48 após a rega a 100%, a diferentes profundidades horizontais sob a superfície do solo

5.5. Simulação de padrões de humidade:

Os padrões de humedecimento do solo em torno de uma linha enterrada (ou seja, fonte de aplicação de água) dependem principalmente das propriedades hidráulicas do solo, da taxa de descarga das laterais, da duração da aplicação de água, da profundidade da colocação das laterais e da absorção de água pelas raízes.

A análise comparativa foi realizada a partir das observações registradas a partir dos experimentos realizados utilizando os sistemas de irrigação por gotejamento testados (superfície, subsuperfície e Kapillary), em termos de padrões de molhamento. Mapas de contorno foram preparados para os padrões de molhamento dos sistemas de irrigação por gotejamento testados usando o software Surfer (Ver.10).

5.5.1. Padrões de humidade do solo ao nível de 50% de irrigação:

As secções seguintes apresentam padrões individuais de humedecimento para os sistemas de irrigação investigados (DIS, SIS e KISSS) para dois tempos decorridos após a irrigação (24 e 48h) a um nível de irrigação de 50%.

Os resultados mostraram que, para o sistema de irrigação por gotejamento (DIS), as medições feitas 24 horas após a irrigação, o teor de umidade do solo no topo da profundidade de 15 centímetros no perfil do solo foi maior em comparação com as profundidades, também pode ser notado que a umidade do solo não era homogênea, como mostrado na Figura (5-13a). Os contornos mostram que não havia muita água armazenada a pouca profundidade no perfil do solo 48 horas após a irrigação. No entanto, o teor de humidade do solo deslocou-se para baixo e aumentou gradualmente na direção vertical para as medições efectuadas 48 horas após a irrigação, em comparação com 24 horas após a irrigação, por exemplo, o teor de humidade volumétrica a 30 cm de profundidade foi mais elevado em comparação com a profundidade mais rasa de 7,5 cm abaixo do emissor, como se mostra na Figura (5-13b). A diminuição da humidade do solo a pouca profundidade, 48 horas após a rega, pode dever-se à perda de água por evaporação e percolação profunda. Estes resultados foram correlacionados com as conclusões de (Elmaloglou, e Diamantopoulos, 2009) onde o teor de humidade aumentou à medida que se deslocava verticalmente a partir dos emissores em solo mais grosseiro após 48h de irrigação do que 24h de irrigação. Enquanto (Shein, et al. 1988) descobriu que a localização e a forma do perfil de humidade produzido pela irrigação por gotejamento é governada pela distribuição de humidade pré-irrigação nas direcções horizontal e vertical.

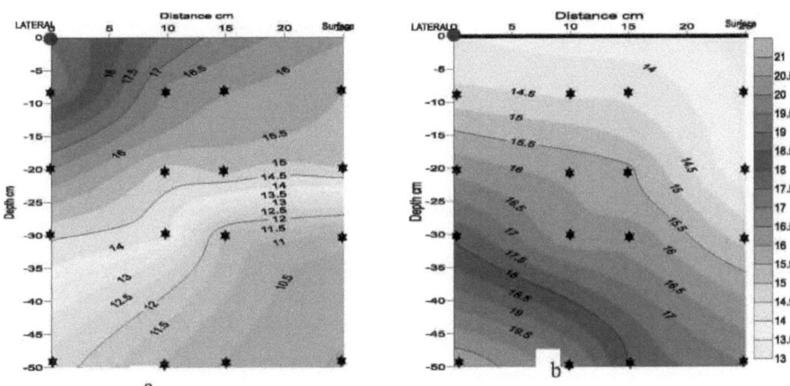

Figura 5-13: Padrões de humidade do solo do sistema de irrigação por gotejamento (DIS) a um nível de 50% de irrigação, (a) 24h, e (b) 48h após a irrigação

Os resultados também ilustraram que, para o sistema de irrigação subsuperficial, quando instalado a uma profundidade de 15 cm abaixo da superfície do solo, o teor de humidade aumentou na direção vertical e afastou-se para baixo do emissor 48 horas após a irrigação, como mostra a Figura (5-14b).

Foi efectuada uma análise comparativa dos padrões de humidade do solo ao nível de 50% de irrigação e 24 horas após a irrigação entre a SIS15 e a KISSS15, como se mostra na Figura (5-14a) e na Figura (5-15a), respetivamente. Os resultados do estudo mostraram que o teor de humidade a uma profundidade de 15 cm abaixo da superfície do solo para o KISSS15 era mais homogéneo na horizontal do que para o SIS15. Este movimento horizontal da humidade do solo pode ser devido à barreira plástica nas laterais do KISSS, que restringe a água percolada para baixo e encoraja a propagação longitudinal da água. A partir da simulação da análise do padrão de humedecimento da humidade do solo, observou-se uma percolação profunda no SIS15 em comparação com o KISSS15. Considerando que, o conteúdo volumétrico de água a uma profundidade de 50cm no perfil do solo, variou entre os sistemas de irrigação como10.5-13.0%, e 17.5-19.0% para KISSS15, e SIS15 respetivamente. Esta percolação profunda para o

SIS pode ser devida à maior condutividade hidráulica do solo franco-arenoso que foi utilizado nas experiências. Siyal, e Skaggs, (2009) ilustraram que a dispersão vertical da água do solo era maior devido à atração da gravidade.

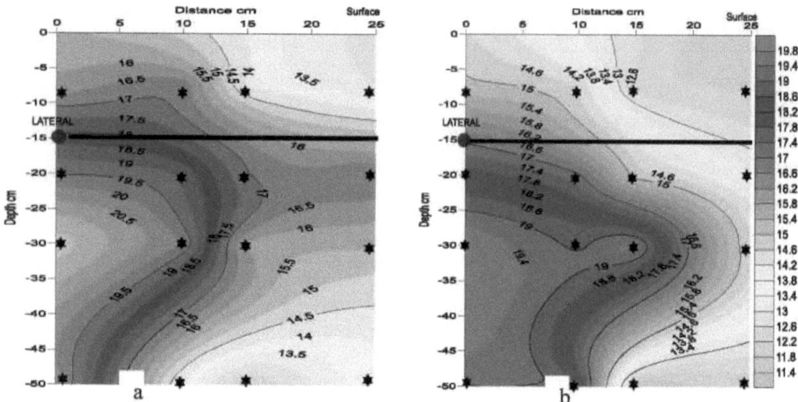

Figura 5-14: Padrões de humidade do solo do sistema de irrigação por subsuperfície (SIS15) a um nível de 50% de irrigação, (a) 24h e (b) 48h após a irrigação

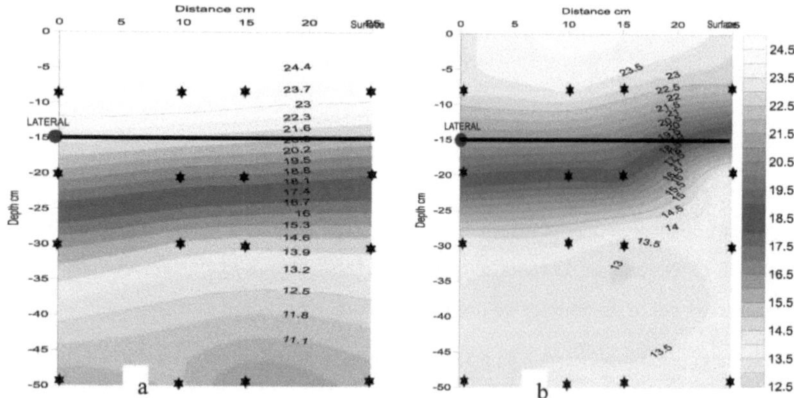

Figura 5-15: Padrões de humidade do solo do sistema de irrigação sub-superficial kapillary (KISSS15) a um nível de 50% de irrigação, (a) 24h, e (b) 48h após a irrigação

Os padrões de humedecimento do conteúdo de humidade do solo para o KISSS25 foram mais uniformes do que para o SIS25, especialmente perto da superfície e acima das laterais. Os resultados do estudo mostram que, para a SIS15, a distribuição da humidade do solo em profundidade foi maior 48 horas após a rega do que 24 horas após a rega, tanto na direção horizontal como na vertical, como mostra a Figura (5-16), enquanto que, para a KISSS25, a distribuição da humidade do solo em profundidade foi mais uniforme 24 horas após a rega do que 48 horas após a rega, na direção horizontal ao longo da conduta, como mostra a Figura (5-17). Um estudo realizado por (Viola, 2008) observou que o conteúdo de água do solo era consistentemente mais elevado na direção horizontal para o KISSS25 em comparação com o SIS25 convencional. Os resultados também mostraram que o KISSS25 pode economizar água nos 20 cm superiores do perfil do solo por um período mais longo em comparação com o SIS25, (Figura 5-16a e 5-16b). Estes resultados estão de acordo com (William, et al. 2008), que mostraram que o KISSS pode poupar água do solo durante muito tempo.

Os resultados também indicaram que o teor de humidade do SIS25 teve uma percolação mais profunda do que o KISSS25. A água volumétrica foi de 12.1-13.6% e 18.5-21.0% para KISSS25 e SIS25 a uma profundidade de 40cm, enquanto que foi >11.4% e 20.5-23.4% para KISSS25 e SIS25 respetivamente a uma profundidade de 50cm. Esta redução no teor de humidade do solo pode ser devida à barreira de plástico nas laterais do KISSS. No entanto, (Goodwin, et al. 2003) observou que o sistema KISSS é considerado ineficiente devido à perda de água através da percolação profunda.

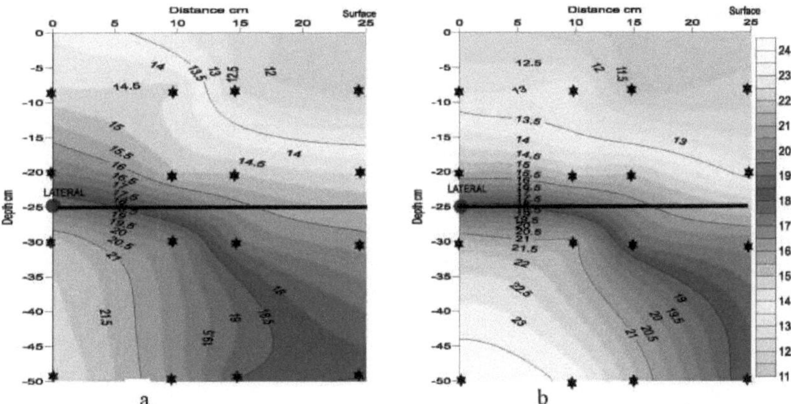

Figura 5-16: Padrões de humidade do solo do sistema de irrigação subsuperficial (SIS25) a um nível de 50% de irrigação, (a) 24h, e (b) 48h após a irrigação

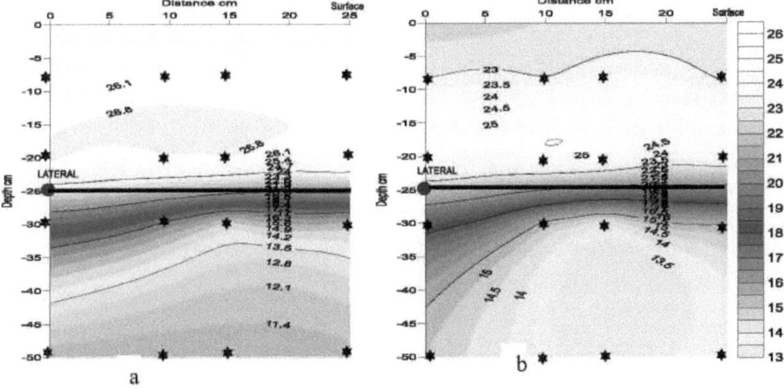

Figura 5-17: Padrões de humidade do solo do sistema de irrigação sub-superficial kapillary (KISSS25) a um nível de 50% de irrigação

(a) 24h, e (b) 48h após a irrigação

5.5.2. Padrões de humidade do solo ao nível de 100% de irrigação:

A largura e a profundidade do padrão molhado de humidade do solo simulado podem ser afectadas pelas taxas de descarga das laterais. (Goldberg, et al. 1971) foi indicado que a taxa de movimento horizontal da água no solo e a largura final da zona molhada ao longo de uma linha de irrigação por gotejamento é função da quantidade e taxa de aplicação de água.

Aumentando a quantidade de água no sistema de irrigação por gotejamento (DIS) em 100% dos níveis de irrigação, como mostrado na Figura (5-18a, b), a umidade do solo foi aumentada mais do que o valor obtido em 50% do nível de irrigação. Isto pode ser atribuído com o estudo de (Singh, et al. 2006) onde o aumento da taxa de descarga, o aumento do padrão de solo molhado foi observado para ambas as direcções verticais e horizontais. A razão foi que, com o aumento da taxa de descarga, o volume de água fornecida durante uma determinada duração aumentou, o que criou um maior volume de zona de solo molhado.

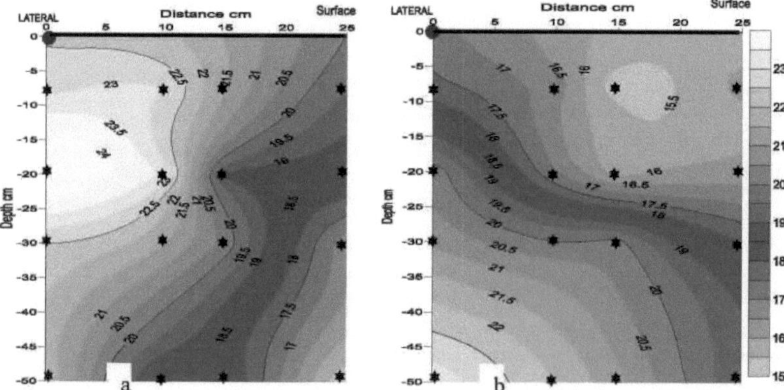

Figura 5-18: Padrões de humidade do solo do sistema de irrigação por gotejamento (DIS) a um nível de 100% de irrigação, (a) 24h, e (b) 48h após a irrigação

Como se pode ver nas Figuras (5-19 a, b) e (5-20 a, b), o estudo mostrou que o teor de humidade no sistema de irrigação capilar (KISSS) estava concentrado perto da superfície do solo a uma profundidade de 15 cm. Os resultados indicaram que o KISSS15 deu um elevado teor de humidade nos 15 cm superiores do perfil do solo, além disso, o movimento da água para cima por ação capilar foi notório e também se espalhou horizontalmente ao longo da conduta, como mostra a Figura (5-19). Enquanto que para a SIS15 a forma do solo molhado era elíptica com a profundidade molhada maior do que o raio molhado, como mostra a Figura (5-20). Em solos de textura grosseira, a água não se espalha muito horizontalmente. (Evans, et al. 1996) observou que a absorção de água por uma cultura está intimamente relacionada com a distribuição das suas raízes. Cerca de 70 por cento das raízes ocupam a metade superior da profundidade máxima de enraizamento da cultura e extraem água suficiente do solo. (Brian, 1998) também descobriu que as raízes mais profundas podem extrair humidade para manter a planta viva, mas não extraem água suficiente para manter um crescimento ótimo. Quando existe humidade suficiente, a absorção de água pela cultura é aproximadamente igual à sua distribuição radicular. Assim, cerca de 70 por cento da água utilizada pela cultura provém da metade superior da zona radicular. Portanto, para os sistemas DIS e SIS, foi necessário que o emissor em solos de textura grossa fosse colocado na linha de gotejamento relativamente espaçado para garantir que a linha de água fosse alterada ao longo do comprimento da linha para promover o crescimento uniforme da cultura.

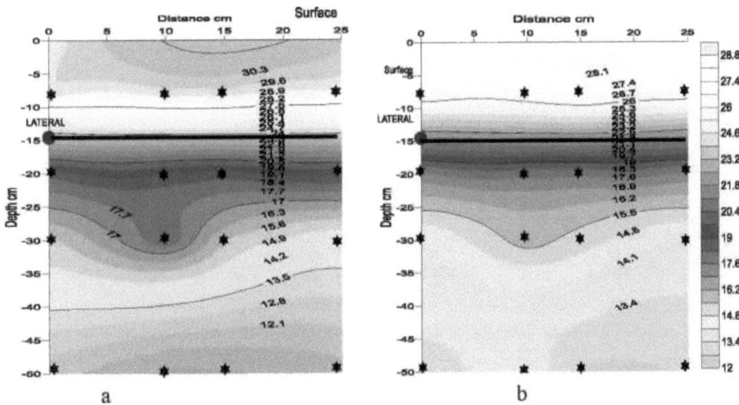

Figura 5-19: Padrões de humidade do solo do sistema de irrigação sub-superficial kapillary (KISSS15) a um nível de 100% de irrigação, (a) 24h, e (b) 48h após a irrigação

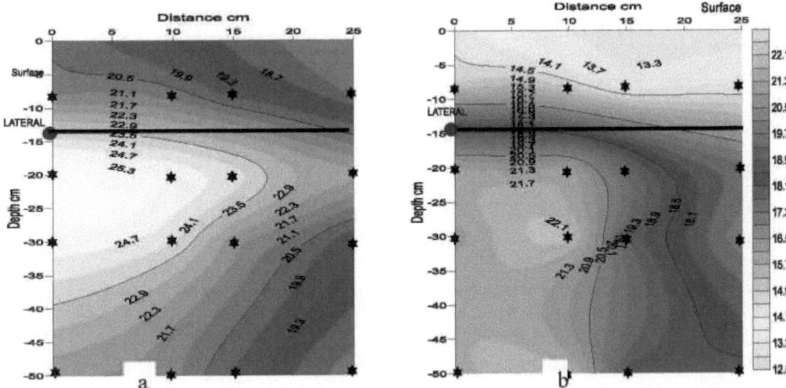

Figura 5-20: Padrões de humidade do solo do sistema de irrigação subsuperficial (SIS15) a um nível de 100% de irrigação, (a) 24h, e (b) 48h após a irrigação

Por conseguinte, com o aumento da taxa de descarga, o volume de água fornecida numa determinada duração aumentou, o que criou um volume mais elevado da zona molhada do solo no KISSS25 e no SIS25 a 25 cm de profundidade, como se mostra na Figura (5-21 a, b) e na Figura (5-22a, b). Onde, a uma profundidade de 50 cm, o sistema SIS25 perdeu o teor de humidade por percolação profunda, o VWC foi de 24-26% e 17-21% para as medições feitas após 24 e 48 h de irrigação, respetivamente. Enquanto o VWC para o KISSS25 a 50 cm de profundidade após 48 horas de irrigação variou entre 9,5 e 12%, e aumentou ao longo das laterais em profundidades mais rasas no perfil do solo, como mostrado na Figura (5-21b).

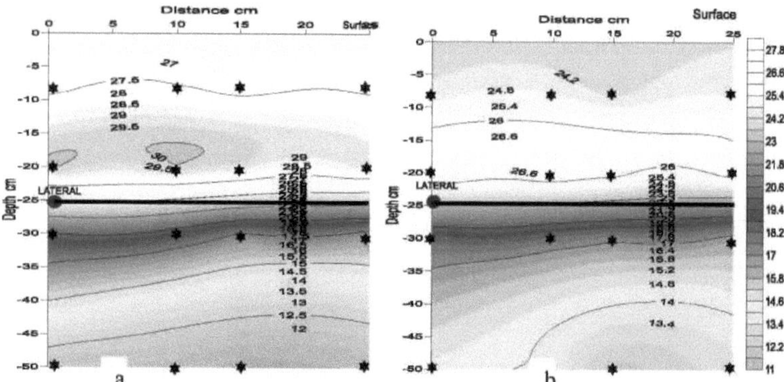

Figura 5-21: Padrões de humidade do solo do sistema de irrigação sub-superficial kapillary (KISSS25) a um nível de 100% de irrigação, (a) 24h, e (b) 48h após a irrigação

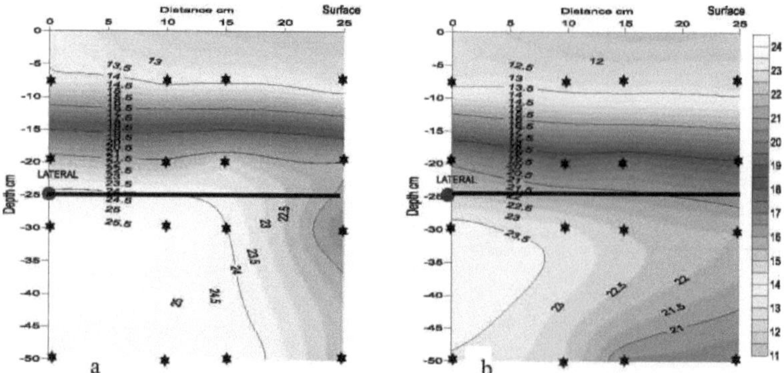

Figura 5-22: Padrões de humidade do solo do sistema de irrigação subsuperficial (SIS25) a um nível de 100% de irrigação, (a) 24h e (b) 48h após a irrigação

5.6. Análise estatística dos resultados:

5.6.1. Impactos individuais em variáveis:

O impacto individual dos níveis de rega nos teores de humidade do solo a diferentes profundidades do emissor foi estudado considerando 16 pontos de amostragem como variáveis (Quadro 5-6) nos sistemas de rega (DIS, $_{SIS15}$, $_{SIS25}$, $_{KISSS15}$, $_{KISSS25}$) das parcelas principais.

5.6.1.2. Efeito da profundidade da água no sistema de irrigação:

Os resultados indicaram que houve diferenças significativas no teor de humidade entre os níveis de irrigação $_{I50\%}$ e $_{I100\%}$. O aumento do teor de humidade a $_{I100\%}$ em cada variável foi observado na (Tabela 5-6) e estes resultados estavam de acordo com o estudo realizado por (Neelam, e Rajput, 2007) onde se observou que o teor de humidade aumentou quando o nível de irrigação foi aumentado. O estudo também indicou que havia diferenças significativas entre o tempo das medições 24 e 48h após a irrigação. Os melhores padrões de humedecimento foram tipicamente observados na direção horizontal, particularmente sob o emissor no sistema de irrigação subsuperficial kapillary. No entanto, (Al-Ghobari e El-Marazky, 2012) ilustraram que a distribuição da humidade do solo em profundidade era mais uniforme 48 horas após a irrigação, em comparação com a humidade do solo 24 horas após a irrigação, tanto na direção horizontal como na vertical, no sistema de irrigação por subsuperfície.

Quadro 5-6: Impactos individuais dos níveis de rega nos teores de humidade do solo a diferentes profundidades do emissor

Variável	Irr. Nível	Média da humidade do solo e intervalo significativo	Variável	Irr. Nível	Média da humidade do solo e intervalo significativo
$B_{(0,7.5)}$	L100%	23.17 a	$B_{(15,7.5)}$	L100%	22.49 a
	L50%	20.22 b		L50%	19.14 b
$B_{(0,20)}$	L100%	24.79 a	$B_{(15,20)}$	L100%	23.01 a
	L50%	20.91 b		L50%	19.61 b
$B_{(0,30)}$	L100%	22.35 a	$B_{(15,30)}$	L100%	20.83 a
	L50%	20.22 b		L50%	16.14 b
$B_{(0,50)}$	L100%	20.41 a	$B_{(15,50)}$	L100%	18.77 a
	L50%	19.05 b		L50%	15.68 b
$B_{(10,7.5)}$	L100%	23.08 a	$B_{(25,7.5)}$	L100%	22.12 a
	L50%	20.46 b		L50%	18.56 b
$B_{(10,20)}$	L100%	23.94 a	$B_{(25,20)}$	L100%	22.42 a
	L50%	20.14 b		L50%	18.34 b
$B_{(10,30)}$	L100%	22.36 a	$B_{(25,30)}$	L100%	18.71 a
	L50%	18.65 b		L50%	15.78 b
$B_{(10,50)}$	L100%	19.51 a	$B_{(25,50)}$	L100%	17.32 a
	L50%	17.60 b		L50%	15.40 b

As médias seguidas da mesma letra não foram significativamente diferentes para cada variável com base no teste múltiplo de Duncan a $P \leq 0,05$

5.6.1.3. Efeito das medições do tempo no sistema de irrigação

Na profundidade do solo de 30cm e 50cm, com uma direção horizontal da linha de emissores, observou-se um aumento do teor de humidade nas medições efectuadas após a rega em 48h, em comparação com a humidade do solo após 24h de rega. Isto pode ser observado no ponto $B_{(10,50)}$, independentemente do sistema de irrigação, o teor médio de humidade foi de 17,29% e 19,8% para 24h e 48h respetivamente. Foram observadas diferenças significativas no teor de humidade do solo nos pontos $B_{(25,30)}$ e $B_{(25,50)}$, como se pode ver no Quadro (5-7).

Quadro 5-7: Impactos individuais do tempo decorrido em cada variável

Variável	Tempo	Média da humidade do solo e intervalo significativo	Variável	Tempo	Média da humidade do solo e intervalo significativo
$B_{(0,7.5)}$	24h	23.17 a	$B_{(15,7.5)}$	24h	22.08 a
	48h	20.22 b		48h	19.57 b
$B_{(0,20)}$	24h	24.04 a	$B_{(15,20)}$	24h	22.40 a
	48h	21.70 b		48h	20.25 b
$B_{(0,30)}$	24h	22.14 a	$B_{(15,30)}$	24h	18.67 a
	48h	20.43 b		48h	18.42 b
$B_{(0,50)}$	24h	19.17 a	$B_{(15,50)}$	48h	18.35 a
	48h	20.29 b		24h	16.13 b
$B_{(10,7.5)}$	24h	23.33 a	$B_{(25,7.5)}$	24h	21.34 a
	48h	20.20 b		48h	19.39 b
$B_{(10,20)}$	24h	23.25 a	$B_{(25,20)}$	24h	21.89 a
	48h	20.87 b		48h	18.91 b
$B_{(10,30)}$	24h	21.26 a	$B_{(25,30)}$	48h	17.48 a
	48h	19.81 b		24h	17.06 b
$B_{(10,50)}$	48h	19.80 a	$B_{(25,50)}$	48h	17.50 a
	24h	17.29 b		24h	15.22 b

As médias seguidas pela mesma letra não foram significativamente diferentes para cada variável com base no teste múltiplo de Duncan a $P \leq 0,05$.

5.6.2. Impactos individuais nos sistemas de irrigação:

Os resultados do estudo mostram que houve diferenças significativas a um nível de significância de 5% com o LSD, no teor de humidade do solo para diferentes sistemas de rega a 7,5 cm de profundidade abaixo da superfície do solo, como se mostra na Tabela (5-8) para os sistemas de rega (DIS, SIS e KISSS). Os resultados dos estudos mostraram que quando a quantidade definida de água aplicada e as medições do tempo decorrido foram ignoradas, o KISSS15 deu a melhor uniformidade de humidade do solo a uma profundidade de 7,5 cm no perfil do solo. Em contraste, o SIS25 forneceu menos humidade ao solo. Foi observada uma diminuição do teor de água do solo nos 7,5 cm superiores de profundidade para o DIS, o que pode ser devido à perda de água por evaporação. No entanto, o declínio do teor de humidade na SIS pode dever-se ao movimento da humidade do solo na direção vertical com percolação profunda. No KISSS, a água foi desviada e impediu a abertura de túneis no solo circundante. Foi apoiado com o estudo realizado por (Charlesworth, e Muirehead, 2003) que o padrão de humidade KISSS moveu-se para cima com ação capilar, pela adição de barreiras de plástico sob a linha de gotejamento.

Tabela 5-8: Impacto do sistema de irrigação independentemente da quantidade de água e do tempo decorrido a uma profundidade de 7,5 cm

Irr. Sistema	Teor volumétrico de água a várias distâncias do emissor ao longo da lateral			
	*Do	Dio	D15	D25
KISSS15	28.13 a	28.20 a	28.11 a	27.54 a
KISSS25	26.62 b	27.18 b	26.75 b	26.90 b
DIS	19.96 c	19.54 c	17.95 c	17.17 c
SIS15	17.64 d	17.82 d	15.84 d	14.96 d
SIS25	15.02 e	14.90 e	13.90 e	13.49 e

Médias seguidas pela mesma letra não foram significativamente diferentes para o sistema de irrigação com base no teste múltiplo de Duncan a $P \leq 0,05$.

*Do -D25 : várias distâncias do emissor ao longo da lateral

Os resultados do estudo indicaram que a uma profundidade de 20 cm no perfil do solo, o KISSS25 deu um teor de humidade do solo mais elevado em comparação com os outros sistemas de irrigação utilizados. Enquanto que o baixo teor de humidade do solo foi mostrado a uma profundidade de 20cm no perfil do solo com o KISSS15, como mostrado na Tabela (5-9). Esta humidade do solo a 20cm de profundidade no perfil do solo é muito importante para a plantação e um dos maiores desafios do sistema SIS é o fornecimento uniforme de água suficiente para a semente durante o estabelecimento da cultura (Burt e Styles, 1994). No entanto, eles descobriram que <10% dos produtores usaram seus sistemas de gotejamento enterrado para estabelecer a cultura e aqueles que usaram a profundidade de instalação inferior a 10 cm.

Quadro 5-9: Impacto do sistema de irrigação, independentemente da quantidade de água e do tempo decorrido a uma profundidade de 20 cm

Irr. Sistema	Teor volumétrico de água a várias distâncias do emissor ao longo da lateral			
	*Do	Dio	D15	D25
KISSS25	29.71 a	29.38 a	29.01 a	28.68 a
SIS15	22,94 b c	22.22 b	20.36 b	18.92 b
DIS	20.95 cd	19.80 c	19.73 a.C.	18.28 c
SIS25	20.26 d	19.38 cd	19.40 c	18.26 c
KISSS15	19.99	18.92 d	17.43 d	17.11 d

Médias seguidas pela mesma letra não foram significativamente diferentes para o sistema de irrigação com base no teste múltiplo de Duncan a $P \leq 0,05$.

*D0 - D25: várias distâncias do emissor ao longo da lateral

Também os resultados mostram que o sistema de irrigação subsuperficial, quando instalado a uma profundidade de 25cm (SIS25), deu um elevado teor de humidade do solo a uma profundidade de 30cm e 50cm no perfil do solo. Enquanto o KISSS15 deu uma menor distribuição do teor de humidade. Enquanto que a uma distância horizontal de 25cm do emissor a uma profundidade de 30cm - no ponto $B_{(25,30)}$ - o KISSS25 apresentou valores mais elevados do que o DIS, o que pode ter ocorrido devido ao movimento da água do solo na direção horizontal, como mencionado anteriormente.

A tabela (5-11) ilustra que o valor médio do teor de humidade a uma profundidade de 50 cm na direção vertical a partir do emissor sob o emissor direto foi de 25,51%, 23,04%, 13,78% e 12,80% para SIS25, DIS, KISSS25 e KISSS15, respetivamente, com um LSD de 3,5926%. Os resultados também indicaram que a água se perdeu por percolação profunda para o sistema de irrigação por subsuperfície a uma profundidade de 50 cm no perfil do solo. Por outro lado, o sistema de irrigação kapillary obteve o teor de humidade mais baixo a uma profundidade lateral de 15 cm (KISSS15), enquanto que a fita plástica colada para o KISSS move a água para cima e para fora para a zona das raízes à taxa de absorção natural do solo, molhando efetivamente grandes áreas do solo.

Quadro 5-10: Impacto do sistema de irrigação, independentemente da quantidade de água e do tempo decorrido a uma profundidade de 30 cm

Irr. Sistema	Teor volumétrico de água a várias distâncias do emissor ao longo da lateral			
	*Do	Dio	D15	D25
SIS25	25.10 a	24.07 a	21.57 a	20.19 a
SIS15	23.55 b	22.93 b	20.06 b	17.74 b
DIS	21.39 c	20.27 c	18.70 c	17.07 c
KISSS25	20.28 d	18.39 d	16.70 d	16.25 d
KISSS15	15.64 e	16.65 e	15.43 e	14.95 e

As médias seguidas da mesma letra não diferem significativamente umas das outras com base no teste múltiplo de Duncan a $P \leq 0,05$.

***D_0 -D_{25} : várias distâncias do emissor ao longo da lateral.**

Quadro 5-11: Impacto do sistema de irrigação, independentemente da quantidade de água e do tempo decorrido a uma profundidade de 50 cm

Irr. Sistema	Teor volumétrico de água a várias distâncias do emissor ao longo da lateral			
	*Do	Dio	D15	D25
SIS25	25.51	24.36	22.98	21.06
DIS	23.04	20.68	18.77	17.85
SIS15	22.14	20.39	18.76	16.40
KISSS25	13.78	13.15	12.38	13.10
KISSS15	12.80	13.12	12.36	12.86

As médias seguidas da mesma letra não diferem significativamente umas das outras com base no teste múltiplo de Duncan a $P \leq 0,05$

***D_0 -D_{25} : várias distâncias do emissor ao longo da lateral.**

5.6.3. Impactos triplos: a relação entre o sistema de irrigação, a irrigação nível e tempo decorrido:

Os resultados do estudo ilustraram que na Tabela (A-2) do apêndice (A), o KISSS25 alcançou uma elevada uniformidade do conteúdo de humidade do solo na direção horizontal a uma profundidade superior a 20cm no perfil do solo. Por exemplo, a uma distância de 10cm do emissor e a uma profundidade de 20cm abaixo da superfície do solo, o KISSS25 induziu uma maior significância ($P<0.05$) em comparação com os outros sistemas de rega. Schiavon, et al. (2011) descobriram que a fita plástica para KISSS colada no geotêxtil acima dos emissores desvia a água descarregada e evita a formação de túneis no solo circundante.

Além disso, com a mesma profundidade (20cm), foram observadas diferenças altamente significativas entre os sistemas de irrigação em cada nível de irrigação (50 e 100%). Por exemplo, não se registaram diferenças significativas para o KISSS25 a um nível de irrigação de 50% e para o SIS15 a um nível de irrigação de 100%, quando medido 48 horas após a irrigação. Os resultados também mostraram que o KISSS25 deu uma maior eficiência em comparação com o KISSS15. Isto pode dever-se à aplicação de menos água. Num estudo efectuado por (Rogers e Giggins, 2006), indicaram que foi possível poupar até 50% no consumo de água utilizando o sistema de irrigação capilar da zona radicular "CRZI" em comparação com o sistema de irrigação por gotejamento enterrado SIS lateral.

Os resultados observaram que, a uma profundidade de 30 cm abaixo da superfície do solo, a medição do teor de humidade do solo para o SIS25 com um nível de irrigação de 100% foi superior à dos outros sistemas de irrigação. O estudo também provou que houve uma diferença significativa na humidade do solo entre os sistemas de irrigação e as várias medições de tempo de 24 e 48 horas após a irrigação.

Os resultados do estudo elucidaram que, a uma profundidade de 50 cm no perfil do solo, o SIS25 apresentou uma significância elevada ($P<0,05$) em comparação com os outros sistemas, como mostra a Tabela (A-4) do apêndice (A). Os resultados também indicaram que os valores mais baixos do teor de humidade registados para o KISSS15 a 30cm de profundidade no perfil do solo a 50% de nível de irrigação. Este resultado foi atribuído a (Dabral, et al. 2012) que observou que o padrão de humidade era significativo para decidir a profundidade das colocações laterais abaixo da superfície do solo, e o espaçamento do emissor e a pressão do sistema para fornecer a quantidade necessária de água à planta. A maior significância para a SIS a uma profundidade de 50 cm e também ilustrou que houve uma perda de água através da percolação profunda que foi mais do que a irrigação capilar.

6. Conclusões:

Com base nos resultados do estudo, podemos concluir que; Os valores de Cu e Du na direção horizontal para o sistema KISSS foram mais elevados em comparação com os valores de Cu e Du para os sistemas de irrigação DIS e SIS ao longo da lateral a diferentes profundidades (7,5, 20, 30 e 50 cm) da superfície do solo em dois níveis de irrigação (50 e 100%) em dois momentos de medição (24 e 48h) após a irrigação. Enquanto que o KISSS deu os valores mais baixos de Cu e Du para 24 e 48h após a irrigação em cada nível de irrigação (50% e 100%) na direção vertical a diferentes distâncias do emissor (0,10,15 e 25)cm.

Os resultados mostraram que houve diferenças significativas para o teor de humidade do solo nos níveis de irrigação (50 e 100%) entre os sistemas de irrigação. O estudo também indicou que houve diferenças significativas ($P<0,05$) entre os tempos de medição (24 e 48h) após a irrigação. Os resultados do estudo ilustraram que a uma profundidade de 7,5 cm no perfil do solo, o teor de humidade do solo após 48 horas de irrigação a 50% foi maior no KISSS15 em comparação com a humidade do solo para DIS e SIS15 a 100% de nível de irrigação. Estes resultados podem ser inferidos que o sistema de irrigação Kapillary tem a capacidade de poupar água do solo durante muito tempo em instalações de baixa profundidade perto da superfície do solo. Além disso, os resultados mostraram que o sistema de irrigação subsuperficial, quando instalado a uma profundidade de 25 cm (SIS25), proporcionou um elevado teor de humidade do solo a uma profundidade de 30 cm e 50 cm no perfil do solo, em comparação com outros sistemas.

As linhas de contorno do conteúdo de umidade do solo mostraram que não havia muita água armazenada no sistema de irrigação por gotejamento em profundidades rasas no perfil do solo em 48h após a irrigação, no entanto, o conteúdo de umidade do solo foi movido para baixo e aumentou gradualmente em uma direção vertical. Os resultados do estudo indicaram que os melhores padrões de molhamento foram tipicamente observados na direção horizontal no sistema de irrigação subsuperficial kapillary. No KISSS a fita plástica conduziu a um elevado teor de humidade do solo movido para cima acima do emissor e ao longo da conduta a baixas profundidades perto da superfície do solo, o que é muito importante para a plantação. Onde o tecido geotêxtil acima da lateral no KISSS dispersa a água sobre uma área maior, reduzindo a taxa de descarga de água para o solo, aproximando-a da taxa de absorção capilar e também converte a linha de gotejamento de uma série de fontes pontuais para uma única fonte de linha ampla.

A camada de geotêxtil que envolve as linhas KISSS pode distribuir a água de forma mais uniforme do que a DIS e a SIS. Dos resultados também se pode concluir que o melhor projeto para o KISSS foi instalado a 25 cm de profundidade abaixo da superfície do solo. Enquanto que para o sistema de irrigação sub-superficial a melhor profundidade é de 15cm (SIS15), no entanto para o SIS25 a água moveu-se para baixo e perdeu-se por percolação profunda.

7. Recomendações:

- O estudo recomenda a instalação do sistema de irrigação subsuperficial kapilar a uma profundidade compatível com as diferentes culturas, onde a maior parte da distribuição do teor de humidade se encontra acima dos emissores.

- Utilização do sistema de irrigação subsuperficial kapillary para paisagismo e campos, porque cada emissor actua como uma fonte pontual de água e assim a linha de gotejamento dá origem a uma série de padrões circulares de humedecimento.

- Além disso, este estudo recomenda que se estenda o estudo sobre os padrões de humedecimento do sistema de irrigação subsuperficial kapillary em diferentes tipos de solo.

Referências:

- Abou Kheira, A. A. e El-Shafie H. (2007) Gestão do sistema de rega gota-a-gota subsuperficial e poupança de água em estufa. Actas da Conferência Internacional do Projeto WASAMED. Bari: CIHEAM-IAMB, P: 419-437.

- Abraham, N., Hema, P. S. Saritha, E. K. e Subramannian, S. (2000) Irrigation automation based on soil electrical conductivity and leaf temperature. Agricultural Water Management (45). Página 145-157.

- Al-Ghobari, H.M. e F.S. Mohammad, (1995). Um estudo de levantamento do problema de corrosão em tubos de irrigação de pivô central em fazendas da Arábia Saudita. Universidade Rei Saud, Faculdade de Agricultura, Centro de Investigação Agrícola, Boletim de Investigação, (54): 1-25.

- Al-Ghobari, H. M. e El Marazky, M. S. (2012). Padrões de humidade dos sistemas de irrigação de superfície e subsuperfície afectados pelas técnicas de programação da irrigação numa região árida. Jornal Africano de Investigação Agrícola Vol. 7(44), pp. 5962-5976, 20 de novembro.

- ALkolibi, M. F. (2002). Possíveis efeitos do aquecimento global na agricultura e nos recursos hídricos da Arábia Saudita: impactos e respostas. Kluwer Academic Publishers. Impresso nos Países Baixos. Climatic Change 54: 225-245.

- Allen, G. S. e Dalton, S. H. (2011). Tensiómetros para medição da humidade do solo e programação da rega. CIR487, um de uma série do Serviço de Extensão Cooperativa da Flórida, Instituto de Alimentos e Ciências Agrícolas, Universidade da Flórida. Acesso a partir do sítio Web: http://edis.ifas.ufl.edu

- Alshikaili, T.Y. (2007). Non-Contact measurement of soil moisture content using Thermal Infrared Sensor Mud detection in stereo point Mud detected using DOLP mud World map vehicle path 89 and Weather Variables, Master's Thesis, University of Saskatchewan, Saskatoon, Saskatchewan.

- Al-Omran, A.M., Sheta, A.S., Falatah, A.M. e Al-Harbi, A.R. (2005). Efeito da irrigação por gotejamento na produtividade da abóbora (Cucurbita pepo) e na eficiência do uso da água em solos arenosos calcários alterados com depósitos de argila. Science Diret, Agricultural Water Management (73), Página 43-55.

- Amosson, S., Leon, N., Almas, L., Bretz, F. e Thomas, M. (2009). Economia dos sistemas de irrigação. Trabalho da Texas Cooperative Extension. Sistema da Universidade A&M do Texas. B-6113/12/01.

- Angelakis, A.N., Kadir, e D.E. Rolston. (1993). Distribuição da água no solo dependente do tempo sob uma fonte circular de gotejamento. Water Resour. Manage. 7:225-235.

- Anónimo (2006). Gestão das águas pluviais urbanas. Harvesting and reuse (Colheita e reutilização). Departamento do Ambiente e Conservação de NSW, abril.

- Battam, M. A., Bruce, G. e Dqavid, G. (2003). A fossa do solo como um simples auxiliar de projeto para sistemas de rega gota-a-gota subterrâneos. Irrigation Science 22, pp. 135-141.

- Behrouz, M., Roghayeh, K., Saghaian, H. e Jalalian, A. (2009). A comparação do avanço e erosão da irrigação por sulcos meandrantes com a irrigação por sulcos padrão sob diferentes taxas de influxo de sulcos. Irrigation Drainage System 23:181-190. DOI 10.1007/s10795-010-9093-7.

- Brian, B. (1998). Irrigação do milho. Materiais históricos da Extensão da Universidade de Nebraska-Lincoln. G98-1354-A. Acedido em 28 de agosto de 2012 a partir de: http://digitalcommons.unl.edu/extensionhist.

- Burt C. M. e Styles S. (1994). Drip and microirrigation for trees, vines, and row crops. Irrigation Training and Research

Center, California Polytechnic State University, San Luis Obispo, Califórnia.

- Camp, C. R. (1998). Irrigação por gotejamento subsuperficial: uma revisão. Trans ASAE 41(5):1353-1367.

- Campbell, J. M. (2007). Utilização de blocos de gesso para medir a humidade do solo em vinhas. ISSN 0726934X. Nº: 3/98.

- Charlesworth, P. B., e Muirhead, W. (2003). Estabelecimento de culturas usando irrigação por gotejamento subsuperficial: uma comparação de fontes pontuais e de área. Irrig. Sci. 22: 171-176.

- Charlesworth P., Christen E. W., Vries, T. (1998). Alternativa barata à rega gota-a-gota? Water is gold: national conference and exhibition proceedings, Irrigation Association of Australia; Brisbane, 19-21 de maio. Associação de Irrigação da Austrália, Hornsby, NSW.

- Cresswell, G. (2007). Vantagens do KISSS sobre aspersores e sistemas convencionais de gotejamento enterrado usados com água reciclada. Publicado por Sustainable Engineering Solutions Inc. disponível em: www.KISSSusa.com.

- Cote, C.M., Bristow, K.L., Charlesworth, P.B., Cook, F.J., e Thorburn, P.J. (2003) Analysis of soil wetting and solute transport in subsurface trickle irrigation. Irri. Sci. 22(3/4): 143-156.

- Daniel, S., Lombard, K., Margaret, W. e O'Neill, M. (2011). Irrigação por gotejamento de baixa pressão para pequenas parcelas e paisagens urbanas. Estação Experimental Agrícola. Serviço de Extensão Cooperativa. Relatório de Pesquisa 773. fevereiro.

- Dabral, P. P., Pandey, P. K., Ashish, P., Singh, K. P. e Sanjoy, M. (2012) Modelação do padrão de humedecimento sob fonte de gotejamento em solo arenoso de Nirjuli, Arunachal Pradesh (Índia). Irrig Sci 30:287292. DOI 10.1007/s00271-011-0283-3

- Dean, E., Derrel, M. e Glenn, H. (2002). Irrigation principles and management. TEXTO (NOTAS DE AULA) do Departamento de Engenharia, Universidade de Nebraska, Lincoln, Nebraska. Página 440-478. Acedido em 28 de agosto de 2012 a partir de: http://gilley.tamu.edu/BAEN464/Handout%20Items/Chapter%2014%208-12-02%20with%20cover%20%28micro%29.pdf.

- Delirhasannia, R., Sadraddini, A. A., Nazimi, A. H., Farsadizadeh, D. e Playan, E. (2010). Modelo dinâmico para aplicação de água usando irrigação por pivô central. Revista Science Diret, Biosystems Engineering 105. Página 476-485.

- Dorota, Z. e Fedro, S. Z. (1998). filtros de tela em sistemas de irrigação por gotejamento. Serviço de Extensão Cooperativa, Instituto de Alimentação e Ciências Agrícolas IFAS. AE61. Disponível online em http://edis.ifas.ufl.edu.

- Drip Depot Staff,(2012) Determining Watering Schedule, disponível online em:

http://www.dripdepot.com/article/determining-drip-irrigation-watering-schedule.

- Eddie, D. e Marianthi, I. (2009). Um método baseado em krigagem para a solução de programas não lineares mistos-inteiros contendo funções de caixa preta. J Glob Optim 43:191-205.

- Eduardo, A., Alejandro P., Ignacio L. Aureo, S. e Istvàn F. (2009). Projeto e gestão de sistemas de irrigação. Revista Chilena de Investigação Agrária 69 (Suppl. 1):17-25 (dezembro de 2009).

- Elmaloglou, S. e Diamantopoulos, E. (2009). Simulação da dinâmica da água no solo sob irrigação por gotejamento subsuperficial a partir de fontes lineares. Science Diret, Agricultural Water Management 96. Page: 1587-1595.

- Enciso, J. M., Colaizzi, P. D. e Multer, W. L. (2005). Análise económica da irrigação por gotejamento subsuperficial espaçamento lateral e profundidade de instalação para o algodão. Sociedade Americana de Engenheiros Agrônomos ISSN 0001-2351. Vol. 48(1): 197-204.

- Evans, R., Cassel, D. K. e Sneed, R. E. (1996). Caraterísticas do solo, da água e das culturas importantes para a programação da irrigação. Serviço de Extensão Cooperativa da Carolina do Norte, Número de Publicação: AG 452-1. Última revisão eletrónica: junho de 1996 (KNS).

- Evett, S. R. (2000). Some Aspects of Time Domain Reflectometry (Tdr), Neutron Scattering, and capacitance methods of soil water content measurement. Agência Internacional da Energia Atómica, Viena, Áustria, IAEA-TECDOC-1137.

- Faci, J. M., Salvador, R., Playan, A. e Sourell, H. (2001). Comparação de aspersores de placa de pulverização fixa e rotativa. Journal Of Irrigation And Drainage Engineering 127: Page: 224-233.

- Freddie, R. L. (2002). Vantagens e desvantagens da irrigação por gotejamento subsuperficial. Apresentado no Encontro Internacional sobre Avanços na Irrigação por Gotejamento/Micro Irrigação, Puerto de La Cruz, Tenerife, Ilhas Canárias, 2-5 de dezembro.

- Giuseppe, P. (2007). Utilização do modelo de simulação HYDRUS-2D para avaliar o volume de solo húmido em sistemas de rega gota-a-gota subterrâneos. J. Irrig. Drain Eng.(133) Página 342-349.

- Goldberg, D., Gormat, B. e Bar, Y. (1971). A distribuição de raízes, água e minerais como resultado da irrigação por gotejamento. J. Am. Soc. Hortic. Sci. 96:645-648.

- Goodwin, P. B., Murphy, M., Melville, P., e Yiasoumi, W. (2003). Eficiência do uso de água e nutrientes em plantas em contentores irrigadas por gotejamento ou irrigação capilar. Australian Journal of Experimental Agriculture, 43: 189-194.

- Guber, A.K., Gish, T.J., Pachepsky, Y.A., Genuchten, M.T. Daughtry, C.S.T., Nicholson, T.J. e Cady, R.E., (2008). Temporal stability in soil water content patterns across agricultural fields (Estabilidade temporal nos padrões de conteúdo de água do solo nos campos agrícolas). Science Diret. Catena 73, Page: 125-133.

- Guenter, H.B., Sullings, R. (2010). Modern Irrigation Management More Than Just Turning Off the Water (Gestão moderna da irrigação: mais do que simplesmente desligar a água). Recuperado em 25 de março de 2011 do site do Water Conservation Group: http://www.watergroup.com.au/wpcontent/uploads/P_ModIrriMgtGHD- v1a080308.pdf.

- Hanson, B., May, D. M., Bendixen, W. E. (1997).Padrões de humidade sob irrigação por gotejamento superficial e subsuperficial. ASAE. 272178.

- Harris, G. A. (2005). Irrigação por gotejamento subsuperficial: Vantagens e limitações. Queensland o Estado Inteligente. ISsN0155-3054. Nota No: 17650.

- Harris, W. K. (2011). Aumento da sobrevivência no inverno de plantas perenes cultivadas em contentores. Tese apresentada ao corpo docente do Instituto Politécnico e Universidade Estadual da Virgínia em cumprimento parcial dos requisitos para o grau de Mestre em Ciências em Horticultura.

- Hensley, D. e Deputy, J. (1999). Using tensiometers for measuring soil water and scheduling irrigation. Publicado pelo Colégio de Agricultura Tropical e Recursos Humanos (CTAHR). L-10 (1999). Disponível em linha em http://www2.ctahr.hawaii.edu/oc/freepubs/pdf/L-10.pdf.

- James, L. e Jonathan, F. (2011). Maximizar o benefício da indústria através da cooperação entre os esforços de investigação florícola federal, estatal e do sector privado. Actas do Fórum Nacional da Floricultura, 10-11 de março, Dallas, Texas. p. 2-5.

- Jan, S. e Kristen, P. (2011). KISSS supera a irrigação tradicional em estudo independente para gestão de campos desportivos. Longmont, Colo. (PRWEB) 26 de julho, 2011 disponível online: http://www.prweb.com/releases/2011/KISSSDodds/prweb8671677.htm

- Janani, A., Sohrabi, T. e Dehghanisanij, H. (2011). Impacto da variação de pressão nas caraterísticas de descarga de tubos porosos. 21.º Congresso Internacional de Irrigação e Drenagem da ICID 1622 de outubro, Teerão, Irão.

- Jerry, N. e Canyon, C. (2001) Conservação da água com irrigação por gotejamento sub-superficial. Preparado para o simpósio sobre a seca patrocinado pelo Senador Larry Craig. Faculdade do Sul de Idaho. 14 de julho de 2001 Disponível on line: http://www.uiweb.uidaho.edu/extension/drought/neufeld.pdf.

- Jeznach, J. (1998). Fiabilidade dos sistemas de rega gota-a-gota em diferentes condições de funcionamento na Polónia. Agricultural Water Management 35 Página 261-267.

- Jiusheng, Li. e Yuchun, L. (2011). Distribuições de água e nitrato afetadas pela textura do solo e profundidade da linha de gotejamento enterrada sob fertirrigação por gotejamento subsuperficial. Irrig Sci 29:469-478.

- Johnson, A. I. (1962). Methods of measuring soil moisture in the field (Métodos de medição da humidade do solo no campo). United States Government Printing Office, Washington: 1962 Página 6-15.Disponível em linha em:

http://pubs.usgs.gov/wsp/1619u/report.pdf.

- Juan, E. (2001). Instalação de um sistema de irrigação por gotejamento subterrâneo para culturas em linha. Produzido por Agricultural Communications, The Texas A&M University System Extension publications. No. 45049-01149. B-6151/7/04.

- Kandelous, M. M. e SImunek J. (2010). Comparação de modelos numéricos, analíticos e empíricos para estimar padrões de molhamento para irrigação por gotejamento de superfície e subsuperfície. Irrig Sci 28:435-444.

- Kekkonen, V., Hakola, A. Kajava, T., Sahramo, E. Malm, Maarit K. e Robin H. (2010). Padrões de molhabilidade auto-ferrantes e regraváveis em filmes finos de ZnO. Instituto Americano de Física. Applied Physics Letters 97, 044102.

- Keller, J. e Bliesner, R.D. (1990). Sprinkle and trickle irrigation,Van Nostrand Reinhold, New York, 3-5, 86-96.

- Kumar, D., Sharma, K. D. e Bhadaurla, P. (2012). Um estudo sobre a extensão da adoção do sistema de irrigação por aspersão pelos agricultores no distrito de Jhunjhunu do Rajastão. Agric. Sci. Digest, 32 (1): 33 - 37.

- Kursat, H., Davut, K., Nuri, C., Allan E.W., e Ibrahim, Akincia. (2011). Prototipagem rápida e aplicações de simulação de fluxo no projeto de equipamentos de irrigação agrícola: Estudo de caso para uma amostra de emissor de gotejamento em linha. Virtual and Physical Prototyping, Vol. 6, No. 1, março de 2011, 47_56

- Lafolie F., Guennelon R. e Genuchten M. T. V., (1997), "Analysis of water flow under trickle irrigation: theory and numerical solution", Soil Science Society of America Journal 53: 1310-1318.

- Lamm, F. R., Rogers H. D., Mahbub, A., Clark, G. A. (2003). Considerações de projeto para sistemas de irrigação por gotejamento subsuperficial (SDI). Kansas State University Agricultural Experiment Station and Cooperative Extension Service. MF-2578 julho.

- Lamm, F. R., e T. P. Trooien. (2005). Efeitos da profundidade do tubo gotejador na produção de milho quando o estabelecimento da cultura não é limitante. Eng. Aplic. em Agric. 21(5): 835-840.

- Lawrence, J. e Blaine, R. (2007) Rega gota-a-gota de superfície. Desenvolvimentos em Engenharia Agrícola, Volume 13, 2007, Páginas 431-472.

- Lazarovitch, N. Warrick AW, Furman A, Sümu nek J (2007). Distribuição de água subterrânea da irrigação por gotejamento descrita por análises de momento. Zona Vadosa J 6:116-123.

- Liga, M. Slack, D. (2004). Um modelo de projeto para irrigação por gotejamento subsuperficial no Arizona.Dep Agri Biosys, Arizona. Disponível online: http://wsp.arizona.edu/sites/wsp.arizona.edu/files/uawater/documents/Fellowship200304/liga.pdf.

- Liu Y, Li J. (2009b). Efeitos da profundidade lateral e da textura estratificada do solo na dinâmica da água e do nitrato e na distribuição das raízes do tomateiro fertirrigado por gotejamento. J Hydraul Eng 40(7):782-790.

- Luis, e Leopoldo, S. (2007). Ajuste de equações de infiltração a dados de irrigação por pivô central num solo mediterrânico. Research agricultural water management. Science Diret vol. 94, número 1-3, páginas 83-92.

- Mário, A. Giraldo e Sara, G. (2011). Análise de radar de penetração no solo (Gpr) da umidade do solo em diferentes usos da terra em uma paisagem agrícola, na Geórgia, EUA. Actas da Conferência de Recursos Hídricos da Geórgia de 2011, realizada de 11 a 13 de abril de 2011, na Universidade da Geórgia.

- Michael, A. K. (2007). Sistemas de irrigação por gotejamento (Trickle). Serviço de Extensão Cooperativa de OklahomaF-1511, BAE-1511 Documento-1443.

- Mirjat, S. S., Mirjat, M. U. e Chandio, F. A. (2010). Padrão de distribuição de água, uniformidade de descarga e eficiência de aplicação de emissores fabricados localmente utilizados na subunidade de atrickle. Pak. J. Agri., Agril. Engg., Vet. Sci., 2010, 26 (1): 1-15. ISSN 1023-1072.

- Mirza, B. e Khodran, H. (2012). Extensão Agrícola no Reino da Arábia Saudita: Difficult Present and Demanding Future. ISSN: 1018-7081.

- Mohammad, R., Shamsnia, S. A. e Gholami, A. (2011). Avaliação do fluxo de água e infiltração usando o modelo HYDRUS no sistema de irrigação por aspersão. IPCBEE vol.17.

- Multsch, S., Alrumaikhani, Y. A., Alharbi, O. A., Frede H. G. e Breuer, L. (2011). Avaliação da pegada hídrica interna da Arábia Saudita utilizando o Water footprint Assessment Framework (WAF). Congresso Internacional de Modelação e Simulação, Perth, Austrália, 19. 12-16 de dezembro de 2011. Acedido em 28 de agosto de 2012. De: http://mssanz.org.au/modsim.

- Munro, A. e Anne, C. (2000). Monitorização da água do solo. ISSN 1443-0320. E ISBN 0 64276055-1.

- Najafi, P. e Tabatabaei S. H. (2009). Aplicação de areia e envelope geotêxtil na irrigação por gotejamento subsuperficial. Sociedade Americana de Engenheiros Civis. ICPTT Página 2026-2030.

- Neelam, P. e Rajput, T. B. (2007). Efeito da profundidade de colocação da fita gotejadora e do nível de irrigação na produtividade da batata. Science Diret, agricultural water management 88, 209-223.

- Nielsen, D., P. Parchomchuk, G. H., Nelson, e E. J. Hogue. (1998). Utilização da monitorização da humidade do solo para determinar os efeitos da gestão da irrigação e da fertirrigação na disponibilidade de azoto em pomares de macieiras de alta densidade. J. Am. Soc. Hort. Sci. 123(4):706-713.

- Nikolova, N. e Vassilev, S. (2010). Mapeamento da variabilidade da precipitação utilizando diferentes métodos de interpolação. 0th EMS Annual Meeting, 10th European Conference on Applications of Meteorology (ECAM) Abstracts, realizado de 13 a 17 de setembro de 2010 em Zurique, Suíça.http://meetings.copernicus.org/ems2010/, id.EMS2010-524

- Nyberg, L. (1996). Spatial variability of water content in the covered catchment at Gardsjon, Sweden (Variabilidade espacial do teor de água na bacia hidrográfica coberta de Gardsjon, Suécia). Hydrological Processes 10, 89-103.

- Owens, G., Wicks, C., Dunker, G., Diczbalis, Y. A. e Bowman, L. G. (2003). Tensiómetros, sua utilização e gestão. ISSN: 0157-8243. N.º de série 520.

- Patel, N. e Rajput, T. (2007). Efeito da profundidade de colocação da fita gotejadora e do nível de irrigação na produtividade da batata. Agric Water Manag 88:209-223

- Philip, B., Charlesworth, Warren, A. e Muirhead, (2003). Estabelecimento de culturas usando irrigação por gotejamento subsuperficial: uma comparação de fontes pontuais e áreas. DOI 10.1007/s00271-003-0082-6. Irrig Sci 22: 171-176.

- Philip, B. (2003) Investigação da eficiência e desempenho a longo prazo de várias configurações de irrigação sub-superficial em condições de campo. Tese apresentada para o grau de Doutor em Filosofia na Escola de Agricultura da Charles Sturt University New South Wales.

- Pollock, S. (2005). Integração da aquacultura nos sistemas de irrigação - uma abordagem centrada na pobreza. Uma tese apresentada para o grau de Doutor em Filosofia na Faculdade de Ciências Naturais da Universidade de Stirling. Página 3-4.

- Prichard, L.T. (2000). Soil moisture measurement technology, Universidade da Califórnia Davis, One Shields Avenue, Davis, CA 95616, EUA. Disponível em linha: http://cecentralsierra.ucanr.edu/files/96233.pdf.

- Qureshi, M.E., Wegener, M.K., Harrison, S.R. e Bristow, K.L. (2001). Economic evaluation of alternative irrigation systems for sugarcane in the Burdekin delta in north Queensland, Australia Water Resources Management, WIT Press, Boston, 47-57.

Reich, D., Godin, R., Châvez, JL. e Broner, I. (2009). Irrigação por gotejamento subterrâneo. Colorado State University, U.S. Department of Agriculture, and Colorado counties cooperating. Folha de Dados No 4.716.

- Rogers, G. S. e Giggins, B. (2006). Estabelecimento de sistemas de produção de hortaliças em canteiros permanentes de plantio direto nas principais regiões produtoras de hortaliças da Austrália. Número do projeto Horticulture Australia: VX01033.

Rogers D. H. e Lamm, F. R. (2009). Chaves para a adoção bem sucedida da SDI: Minimizar os problemas e garantir a longevidade. Actas da 21ª Conferência Anual de Irrigação das Planícies Centrais, Colby Kansas, disponível em CPIA, 760 N.Thompson, Colby, Kansas. 24-25 de fevereiro.

- Ropert, F. (2001). Irrigação por gotejamento para culturas em linha. Cooperative Extension Service Circular 573 College of Agriculture and Home Economics. Las Cruces, NM 7.5C Página 3-5. agosto.

- Schwartzman, M., Zur, B., 1986. Espaçamento entre emissores e geometria do volume de solo molhado. J. Irrig. Drain. Eng. 112 (3), 242-253.

- Schiavon, M., Leinauer, B. e Serena, M. (2011). Estabelecimento de gramados de estação fria usando irrigação capilar subsuperficial e água salina. Conferência Anual de Recursos Hídricos AWRA 2011. Revista de Agronomia. Volume 105, Edição 1.

- Seginer, I. (1979). Uniformidade de rega relacionada com a extensão horizontal da zona radicular. Irrig. Sci. 1(2):

89-96.

- Shahidian, S., Serralheiro, P. R. (2012). Desenvolvimento de um sistema de irrigação de superfície adaptativo. DOI 10.1007/s00271-011-0262-8. Irrig Sci (2012) 30:69-81.

- She, D.L., Shao, M.A., Timm, L.C., Sentis, P. e Reichardt, S. E. (2010). Impactos do padrão de uso da terra na variabilidade do conteúdo de água do solo no Planalto de Loess da China. Ata Agriculturae Scandinavica Section B _ Soil and Plant Science, (60) Page: 369_380 ISSN 0906-4710.

- Shein, E.V., Gudima, I. I. e Meshtyankova, L. (1988) Formação do perfil de humidade durante a irrigação local (gota a gota). Boletim de Ciência do Solo da Universidade de Moscovo. 1988, 43(2), 43- 48, 1 fig., 1 tab. Traduzido de Vestnik Moskovskogo Universiteta, Pochvovedenie, 43(2), 45-51, 5 ref

- Siyal, A. e Skaggs, T. (2009). Padrões de humedecimento do solo medidos e simulados sob irrigação subsuperficial com tubos de argila porosa. Agricultural Water Management 96 (2009) 893-904.

- Singh, D. K., Rajput, T. B., Sikarwar, H. S., ahoo, R. N. e Ahmad, T. (2006). Simulação do padrão de humedecimento do solo com irrigação por gotejamento subsuperficial a partir de uma fonte linear. Sc. Diret: agricultural water management (8 3). Página 130-134.

- Skaggs T.H., TJ, Simunek, J., Shouse, P. (2004). Comparação de simulações HYDRUS-2D de irrigação por gotejamento com observações experimentais. J Irrig Drainage Eng 130(4):304-310.

- Song, Y., Kirkham, M. B., Ham. J. M. e Kluitenberg, G. J. (1999). Dual probe heat pulse technique for measuring soil water content and sunflower water uptake. Elsevier Science B.V. Todos os direitos reservados. Soil & Tillage Research 50, Página 345- 348.

- Stephanie, W., Jamshid, A., Chris, C., Sammis, T. e Brad, L. (2009). Bulb Onion Culture and Management for Southern New Mexico (Cultura e gestão da cebola em bolbo no sul do Novo México). Serviço de Extensão Cooperativa. Faculdade de Ciências Agrícolas, do Consumidor e do Ambiente. Circular 563.

- Steven, R. (2003). Medição da água do solo por termalização de neutrões. Encyclopedia of Water Science, Marcel Dekker, Inc. Nova Iorque. Pp. 889-893.

- Taghavi, S.A., M.A. Marino, e D.E. Rolston. (1984). Infiltração de uma fonte de irrigação por gotejamento. J. Irrig. Drain. Eng. 110:331-341.

- Thomas, R. Jahns (2010). Trickle irrigation for Alaska Gardens (Irrigação por gotejamento para jardins do Alasca). Serviço de Extensão Cooperativa, Universidade do Alasca Fairbanks. 2-96/JP/1200. FGV-00648.

- Timothy, W. (2001). Kriging models for global approximation in simulation-based multidisciplinary design optimization. AIAA JOURNAL. Vol. 39, No. 12, dezembro.

- Tom, M., Kenny, C. (2003). Irrigação por gotejamento. Emitido para promover o trabalho de Extensão Cooperativa do Sistema Universitário da Virgínia Ocidental.

- Viola, D. (2009). Uma revisão da irrigação por gotejamento subsuperficial na produção de hortaliças. CRC for Irrigation Futures Irrigation Matters Series No. 03/09 setembro de 2009 disponível on line http://www.irrigationfutures.org.au/imagesDB/news/CRCIF-IM0309-web.pdf.

- Viola, D. (2008). Melhoria do estabelecimento da alface através da irrigação por gotejamento subterrâneo. Uma tese submetida para o Grau de Mestre em Ciências - Agricultura (Honras) Universidade de Western Sydney, Escola de

Ciências Naturais agosto de 2008 Página 4. Disponível on line:

http://www.irrigationfutures.org.au/imagesDB/news/ViolasThesis.pdf.

- Wilde, C., Hohnson, J.e Bordvsky, P. (2009). Análise económica da uniformidade do sistema de irrigação por gotejamento subsuperficial. Sociedade Americana de Engenheiros Agrônomos e Biológicos ISSN 0883-8542. Vol. 25(3): 357- 361.

- William, Y., Harsharn G. e Basant. (2008). Avaliação da poupança de água utilizando sistemas inteligentes de rega e colheita. Conferência Irrigação Austrália, maio de 2008, Melbourne.

http://www.irrigation.org.au/assets/pages/75D132F4-1708-51EB-A6BCF9E277043C3E/11%20-%20Yiasoumi%20Paper.pdf.

- YU Li-peng, H., Hai-jun, L. Xiang-ping, W. e WANG, M. (2009). Investigação experimental da evaporação do solo e da evapotranspiração do trigo de inverno sob irrigação por aspersão. Ciências Agrícolas na China, 8(11): 1360-1368.

- Yuanjun, Z. e Mingan, S. (2008). Variabilidade e padrão da humidade superficial numa encosta de pequena escala na captação de liudaogou no Planalto de Loess do Norte da China. Science Diret, Geoderma (147). 185-191.

- Zin El-Abedin, T.K. (2006). melhorando o padrão de distribuição de humidade da irrigação por gotejamento subsuperficial em solo arenoso usando condicionador de solo sintético. Misr J. Ag. Eng., 23(2): 374 - 399.

A. Apêndice

Quadro A-I: Efeito da quantidade de água e do tempo decorrido no sistema de rega a 7,5 cm de profundidade

		B(0,7.5)			B(10,7.5)			B(15,7.5)			B(25 ,7.)s		
		24h	**48h**	**Aver**	**24h**	**48h**	**Aver**	**24h**	**48h**	**Aver**	**24h**	**48h**	**Aver**
Dis	**L 50%**	20.7	15.4	18.2	17.5	17.3	17.4	19.9	19.1	19.5	21.0	22.5	21.8
	L100%	24.5	18.8	21.7	26.6	21.7	24.2	24.1	22.3	23.3	23.5	25.0	24.3
Média		37.6	22.6	17.1	20.0	22.3	19.6	21.0	22.0	20.7	21.4	22.3	23.8
SIS_{15}	**L 50%**	17.1	15.1	16.1	20.8	19.2	20.0	23.3	21.1	22.2	21.7	20.3	21.0
	L100%	22.3	15.7	19.1	28.4	22.9	25.7	27.0	22.6	24.8	23.4	23.1	23.3
Média		31.1	19.8	15.4	17.6	24.7	21.1	22.9	25.2	21.9	23.5	22.6	21.7
SIS_{25}	**L 50%**	15.3	13.5	14.4	18.1	16.3	17.2	23.4	23.2	23.3	24.2	25.7	24.9
	L100%	15.1	16.2	15.6	23.9	22.3	23.1	28.0	25.7	26.9	27.0	25.2	26.1
Média		21.5	15.2	14.8	15.0	21.1	19.4	20.3	25.7	24.5	25.1	25.6	25.4
$KISSS_{15}$	**L 50%**	26.3	25.0	25.6	21.4	20.2	20.8	16.5	14.8	15.6	11.1	14.0	12.6
	L100%	31.9	29.1	30.5	19.8	18.5	19.2	16.4	14.9	15.6	12.3	13.8	13.0
Média		53.7	29.1	27.1	28.1	20.6	19.4	20.0	16.4	14.8	15.6	11.7	13.9
$KISSS_{25}$	**L 50%**	26.9	24.5	25.7	29.1	27.4	28.3	20.3	19.9	20.1	11.5	15.9	13.8
	L100%	29.0	26.1	27.6	32.7	29.5	31.1	21.3	19.7	20.5	12.2	15.3	13.8
Média		27.9	25.3	26.6	30.9	28.5	29.7	20.8	19.8	20.3	11.8	15.6	13.8
LSD	**L^A IL**		1.25		1.89			0.98			1.80		
	V Te		0.68		1.05			0.86			1.79		
	IL^A I S^A Te		1.53		2.34			1.92			4.01		

Quadro A-2: Efeito da quantidade de água e do tempo decorrido no sistema de rega a 20 cm de profundidade

		B(0,20)			B(10,20)			B(, oj152			B(, oj252		
		24h	**48h**	**Aver**	**24h**	**48h**	**Aver**	**24h**	**48h**	**Aver**	**24h**	**48h**	**Aver**
Dis	**L 50%**	20.0	15.1	17.6	17.0	16.8	16.9	19.4	17.0	18.2	18.7	21.1	19.9
	Ll 00%	24.7	17.9	21.4	25.1	18.1	21.7	23.0	21.4	22.2	19.1	23.6	21.4
Média		36.8	22.4	16.5	19.5	21.2	17.5	19.4	21.3	19.3	20.3	18.9	22.4
SIS_{15}	**L 50%**	17.9	15.5	16.7	20.2	18.2	19.2	21.5	20.2	20.8	14.7	20.1	17.5
	Ll 00%	22.1	15.5	18.9	27.1	22.9	25.1	26.0	23.9	25.0	22.8	23.5	23.1
Média		42.6	20.1	15.5	17.8	23.8	20.6	22.2	23.8	22.1	22.9	18.9	21.8
SIS_{25}	**L 50%**	15.4	13.9	14.7	15.9	15.6	15.7	21.2	22.7	21.9	21.7	25.1	23.4
	Ll 00%	14.4	15.8	15.1	23.3	20.5	21.9	27.4	24.8	26.1	26.4	24.2	25.3
Média		34.1	14.9	14.9	14.9	19.7	18.1	18.9	24.4	23.8	24.1	24.1	24.6
$KISSS_{15}$	**L 50%**	26.3	25.5	25.9	20.3	19.6	20.0	15.3	14.7	15.0	11.8	14.7	13.3
	Ll 00%	31.9	29.0	30.5	20.3	19.0	19.6	19.5	16.9	18.2	11.0	14.8	13.0
Média		33.0	29.2	27.2	28.2	20.3	19.3	19.8	17.5	15.8	16.7	11.4	14.7
$KISSS_{25}$	**L 50%**	28.0	24.5	26.3	28.7	27.3	28.0	17.6	16.2	16.9	11.4	14.4	13.0
	Ll 00%	29.6	26.5	28.1	32.4	29.1	30.7	20.5	19.1	19.8	11.9	14.7	13.3
Média		28.8	25.5	27.2	30.6	28.2	29.4	19.1	17.7	18.4	11.7	14.6	13.2
LSD	I_s^A IL		1.76		1.14			0.98			0.88		
	IL^A Te		1.07		1.00			0.86			0.86		
	IL^A Is TC^A		2.40		2.24			1.92			1.93		

Quadro A-3 Efeito da quantidade de água e do tempo decorrido no sistema de rega a 30 cm de profundidade

		B(0,30)			B(io,30)			B(15,30)			B(25,30)		
		24h	**48h**	**Aver**	**24h**	**48h**	**Aver**	**24h**	**48h**	**Aver**	**24h**	**48h**	**Aver**
Dis	**L 50%**	17.1	15.2	16.2	16.1	16.6	16.3	12.3	17.6	15.0	11.4	19.3	15.6
	Ll 00%	23.0	16.1	19.7	20.2	16.8	18.5	22.3	21.9	22.1	20.5	23.0	21.8
Média		36.3	20.1	15.7	18.0	18.2	16.7	17.4	17.6	19.8	18.7	16.2	21.2
SIS15	**L 50%**	14.7	13.0	13.9	18.2	15.7	16.9	17.4	18.4	17.9	13.3	18.2	15.8
	Ll 00%	20.8	14.3	17.7	26.2	20.7	23.6	23.7	20.6	22.1	21.3	21.8	21.5
Média		43.7	17.9	13.7	15.8	22.3	18.3	20.4	20.6	19.5	20.1	17.5	20.0
SIS25	**L 50%**	12.9	11.7	12.3	15.8	15.8	15.8	18.0	18.5	18.3	19.6	23.2	21.4
	Ll 00%	14.6	16.2	15.4	24.4	21.0	22.7	25.7	23.7	24.7	27.0	21.9	24.5
Média		45.1	13.8	14.0	13.9	20.3	18.5	19.4	22.0	21.1	21.6	23.4	22.6
KISSS15	**L 50%**	25.8	24.8	25.3	20.2	19.9	20.0	15.0	13.9	14.5	10.0	14.5	12.3
	Ll 00%	32.0	29.7	30.8	20.0	18.9	19.5	16.7	16.0	16.4	11.3	13.5	12.4
Média		24.0	28.9	27.3	28.1	20.1	19.4	19.7	15.8	15.0	15.4	10.6	14.0
KISSS25	**L 50%**	27.4	25.1	26.3	28.9	26.9	27.9	15.2	14.5	14.9	11.5	13.6	12.5
	Ll 00%	28.8	25.7	27.2	31.7	28.4	30.1	18.7	18.2	18.4	11.7	12.7	12.2
Média		28.1	25.4	26.8	30.3	27.7	29.0	17.0	16.4	16.7	11.6	13.1	12.4
LSD	L^ IL		0.88		2.38			1.09			1.36		
	IL^ Te		0.92		1.44			1.08			1.21		
	IL^ Is TC^		2.05		3.21			2.43			2.72		

Quadro A-4: Efeito da quantidade de água e do tempo decorrido no sistema de rega a 50 cm de profundidade

		B(0,50)			θ(10,50)			B(15,50)			B(25,50)		
		24h	**48h**	**Aver**	**24h**	**48h**	**Aver**	**24h**	**48h**	**Aver**	**24h**	**48h**	**Aver**
Dis	**L 50%**	16.3	14.1	15.2	15.9	15.2	15.6	11.3	16.3	13.9	10.4	18.1	14.5
	L100%	20.8	17.2	19.0	19.9	17.2	18.6	17.8	19.2	18.5	16.0	20.4	18.2
Média		36.8	18.6	15.7	17.2	18.0	16.2	17.1	14.7	17.7	16.2	13.3	19.3
SIS15	**L 50%**	13.7	12.2	12.9	18.1	14.4	16.3	16.5	15.5	16.0	14.7	17.7	16.2
	L100%	18.9	14.7	16.9	24.1	18.6	21.4	20.6	18.1	19.4	18.8	20.0	19.4
Média		37.4	16.4	13.5	15.0	21.2	16.5	18.9	18.6	16.8	17.7	16.8	18.9
SIS25	**L 50%**	12.0	12.1	12.0	15.3	13.9	14.6	17.3	17.8	17.6	19.8	19.1	19.4
	L100%	13.3	16.4	14.9	23.1	20.0	21.6	21.8	23.6	22.7	23.7	21.6	22.6
Média		44.7	12.7	14.3	13.5	19.4	17.1	18.3	19.6	20.8	20.2	21.8	20.3
KISSS15	**L 50%**	25.8	23.8	24.8	19.4	14.2	16.9	15.1	14.8	15.0	11.3	14.9	13.1
	L100%	31.4	28.9	30.2	20.6	18.6	19.6	15.1	14.8	14.9	11.7	13.5	12.6
Média		14.9	28.7	26.4	27.5	20.0	16.4	18.3	15.1	14.8	14.9	11.5	14.2
KISSS25	**L 50%**	27.5	24.3	25.9	28.3	26.1	27.2	16.2	16.5	16.4	11.7	14.9	13.3
	L100%	29.3	26.5	27.9	31.7	28.5	30.1	18.0	17.5	17.8	11.7	14.0	12.9
Média		28.4	25.4	26.9	30.0	27.3	28.7	17.1	17.1	17.1	11.7	14.4	13.1
LSD	I s^ IL		1.31		2.44			1.44			1.18		
	IL^ Te		1.84		2.20			1.14			0.93		
	IL^ Is TC^		4.11		4.92			2.55			2.08		

Tabela A-5: **Coeficiente de uniformidade na direção vertical a diferentes distâncias do emissor, a 50% de nível de irrigação**

Distância	DIS		SIS15		SIS25		KISSS15		KISSS25	
	24h	**48h**	**24h**	**48h**	**24h**	**48h**	**24h**	**48h**	**24h**	**48h**
0	92.13	83.43	88.07	88.83	75.81	66.67	63.64	69.12	63.08	74.76
10	93.18	85.21	83.16	87.72	78.34	67.36	63.76	70.65	56.76	64.83
15	74.37	90.19	83.17	73.22	81.02	71.87	59.91	68.68	52.67	60.34
25	72.71	88.24	86.29	88.78	79.54	76.67	63.89	69.94	55.26	67.91
Média	**83.10**	**86.77**	**85.17**	**84.64**	**78.68**	**70.64**	**62.80**	**69.59**	**56.94**	**66.96**
	84.93		84.91		74.66		66.20		61.95	

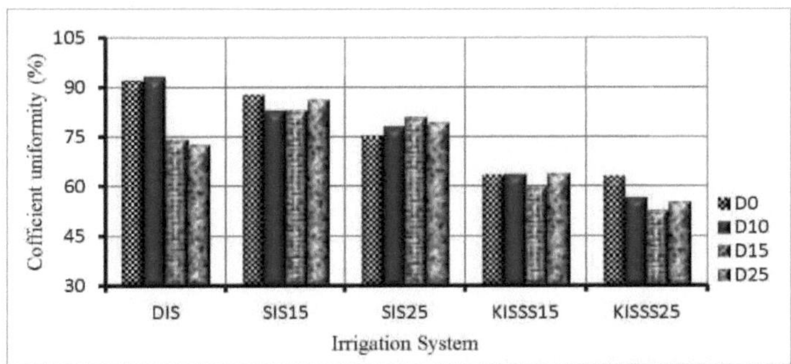

Figura A-1: Coeficiente de uniformidade após 24 horas de irrigação a 50% do nível de irrigação (distância vertical dos emissores)

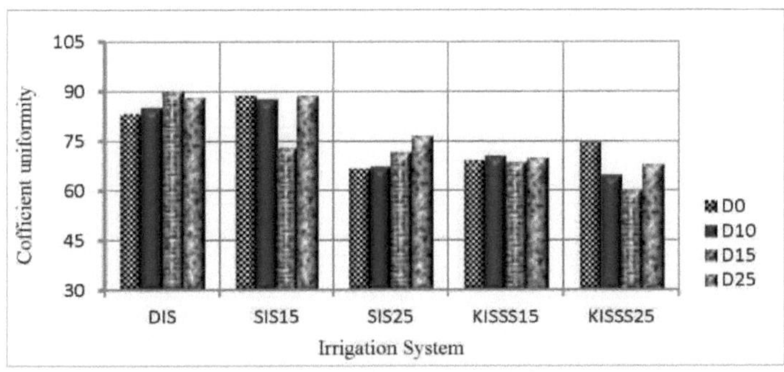

Figura A-2: Coeficiente de uniformidade após 48h de irrigação a 50% do nível de irrigação a (distância vertical dos emissores)

Tabela A-6: Coeficiente de uniformidade na direção horizontal a diferentes profundidades sob a superfície do solo e a 50% de nível de irrigação

Profundidade	DIS		SIS15		SIS25		KISSS15		KISSS25	
	24h	**48h**	**24h**	**48h**	**24h**	**48h**	**24h**	**48h**	**24h**	**48h**
7.5	86.48	96.63	85.62	86.17	85.89	91.04	98.61	97.59	98.43	98.49
20	94.71	91.69	91.43	84.68	92.01	93.30	96.30	84.33	98.73	97.81
30	64.58	92.17	79.55	86.30	84.07	83.62	95.35	96.53	87.09	87.02
50	59.05	89.08	74.08	66.52	89.39	87.34	93.35	97.06	98.86	94.16
Média	**76.21**	**92.39**	**82.67**	**80.92**	**87.84**	**88.82**	**95.90**	**93.88**	**95.78**	**94.37**
	84.30		81.79		88.33		94.89		95.07	

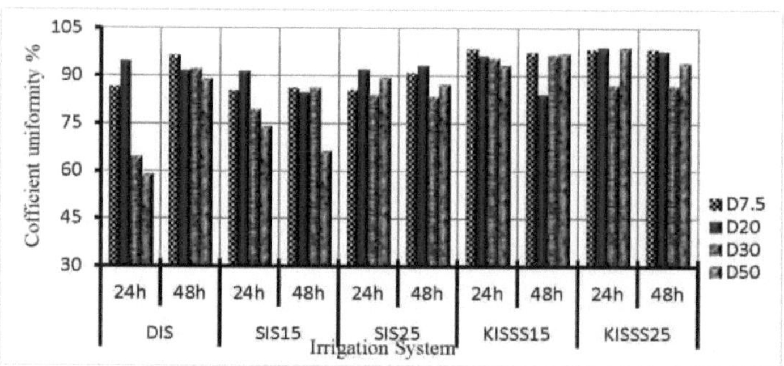

Figura A-3: Coeficiente de uniformidade, após 24, 48 da irrigação, a 50% do nível de irrigação em (profundidades horizontais sob a superfície do solo)

Tabela A-7: Coeficiente de uniformidade na direção horizontal e nível de irrigação de 100%.

Profundidade	DIS		SIS15		SIS25		KISSS15		KISSS25	
	24h	**48h**	**24h**	**48h**	**24h**	**48h**	**24h**	**48h**	**24h**	**48h**
7.5	92.00	93.21	92.43	95.19	95.04	98.18	99.14	98.73	98.69	98.27
20	82.16	87.27	93.15	89.37	97.23	95.24	98.01	98.51	98.19	98.01
30	87.74	93.59	87.27	86.97	89.45	95.82	88.79	92.57	90.37	94.69
50	85.20	91.48	89.81	88.86	93.91	90.92	94.51	95.23	96.73	91.48
Média	**86.77**	**91.39**	**90.67**	**90.10**	**93.91**	**95.04**	**95.11**	**96.26**	**96.00**	**95.61**
	89.08		90.38		94.47		95.69		95.80	

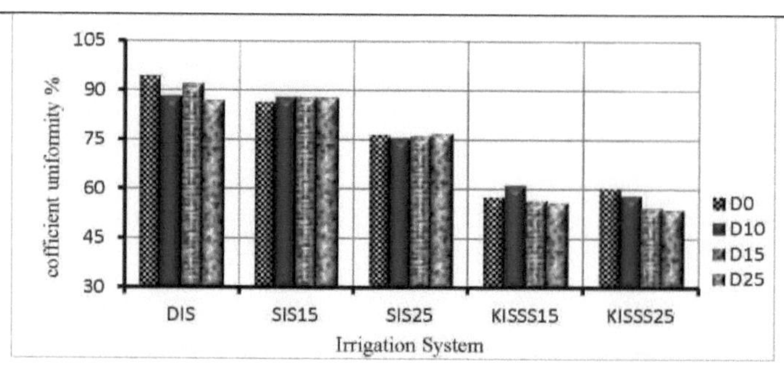

Figura A-4: Coeficiente de uniformidade após 24 horas de irrigação a 100% do nível de irrigação a (distância vertical dos emissores)

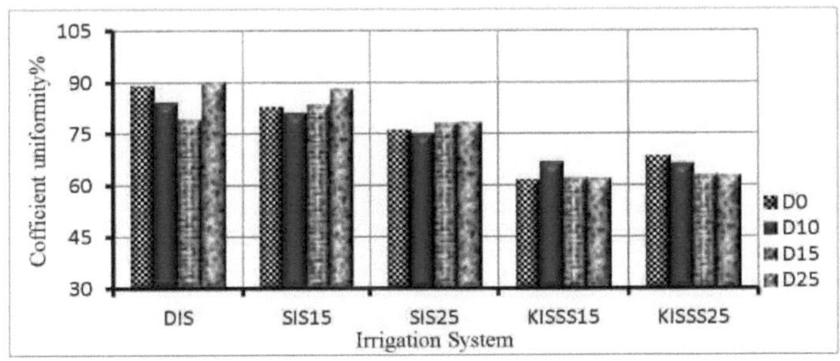

Figura A-5: Coeficiente de uniformidade após 48h de irrigação a 100% do nível de irrigação a (distância vertical dos emissores)

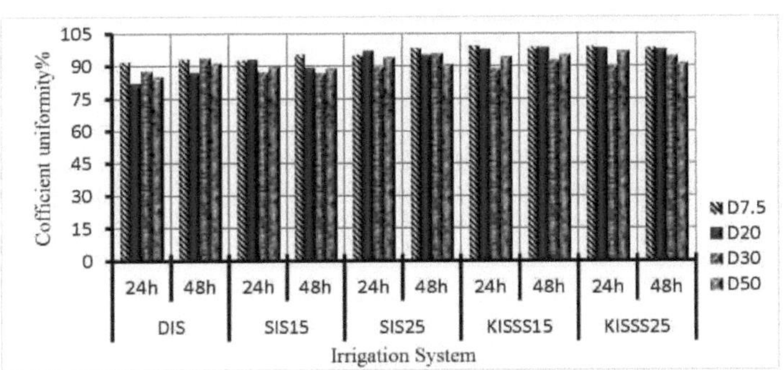

Figura A-6: Coeficiente de uniformidade, após 24, 48 da irrigação, a 100% do nível de irrigação em (profundidades horizontais sob a superfície do solo)

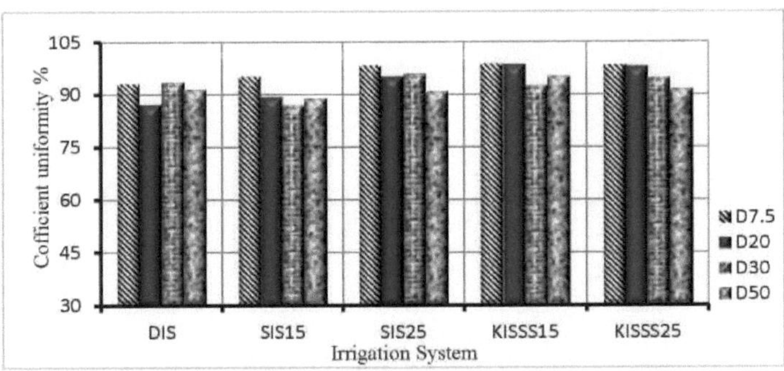

Figura A-7: Coeficiente de uniformidade após 48h de irrigação a 100% do nível de irrigação em profundidades horizontais sob a superfície do solo

Tabela A-8: Uniformidade de distribuição na direção vertical a diferentes distâncias do emissor e a um nível de irrigação de 50%

Profundidade	DIS		SJS15		SIS25		KISSS15		KISSS25	
	24h	48h	24h	48h	24h	48h	24h	48h	24h	48h
0	88.92	77.24	82.46	84.03	71.03	60.05	52.88	60.96	52.69	68.28
10	90.45	79.19	78.07	83.60	74.89	61.29	52.71	61.08	48.20	58.32
15	69.92	86.42	78.69	62.49	75.50	61.49	47.91	60.25	44.52	53.81
25	68.22	83.42	82.78	86.09	72.65	72.13	51.86	59.85	47.30	62.37
Média	**79.38**	**81.57**	**80.50**	**79.05**	**73.52**	**63.74**	**51.34**	**60.54**	**48.18**	**60.69**
	80.47		79.78		68.63		55.94		54.43	

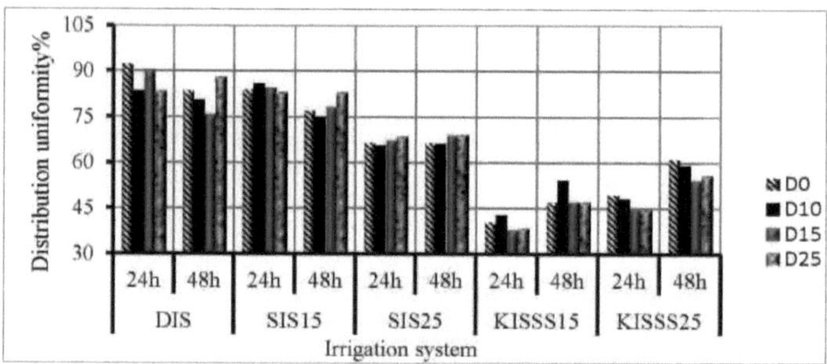

Figura A-8: Uniformidade de distribuição 24 e 48h após a rega a um nível de 100% de rega à distância vertical dos emissores

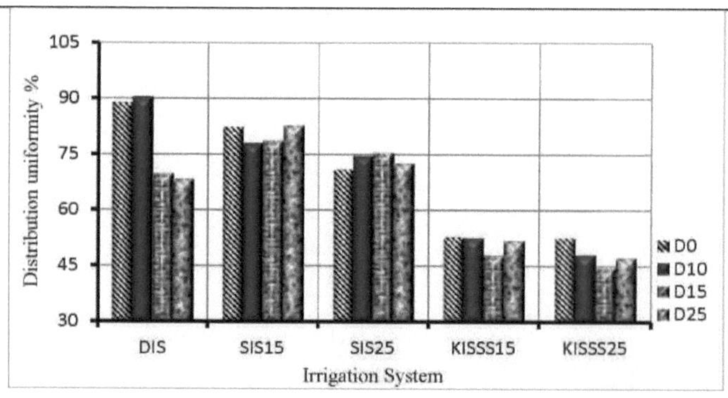

Figura A-9: Uniformidade de distribuição após 24 horas de irrigação a 50% do nível de irrigação à distância vertical dos emissores

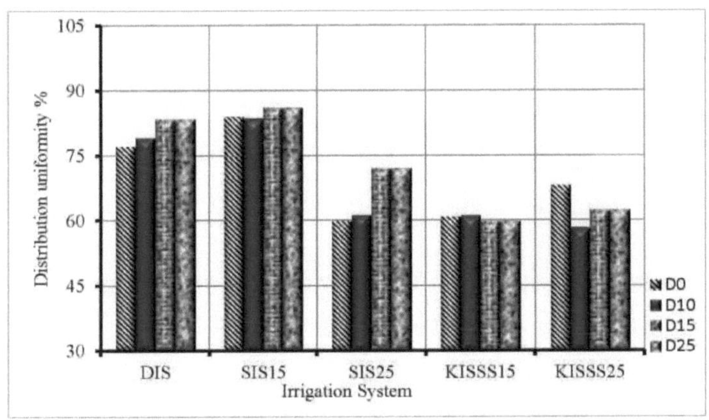

Figura A-10: Uniformidade de distribuição após 48h de irrigação a 50% do nível de irrigação à distância vertical dos emissores

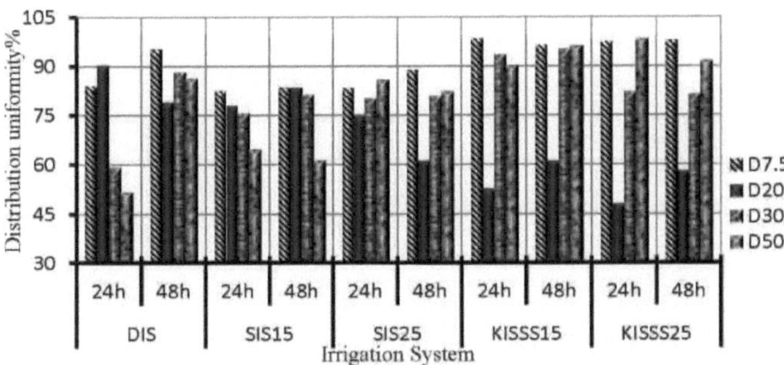

Figura A-11: Uniformidade de distribuição, após (24 e 48)h de rega, a 50% de nível de rega a profundidades horizontais dos emissores

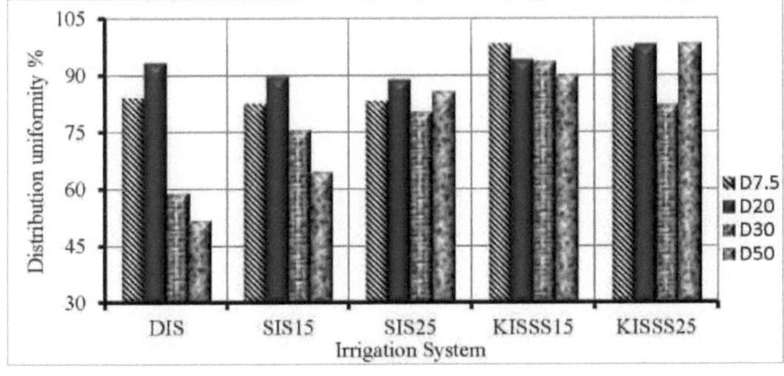

Figura A-12: Uniformidade de distribuição após 24 horas de irrigação a 50% do nível de irrigação em profundidades horizontais sob a superfície do solo

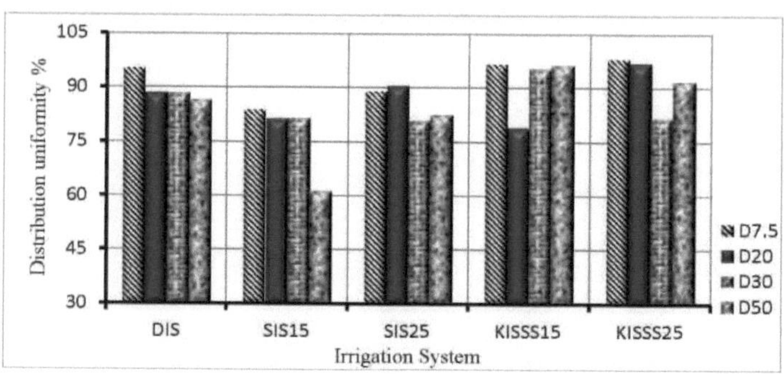

Figura A-13: Uniformidade de distribuição após 48h de irrigação a 50% do nível de irrigação em profundidades horizontais sob a superfície do solo

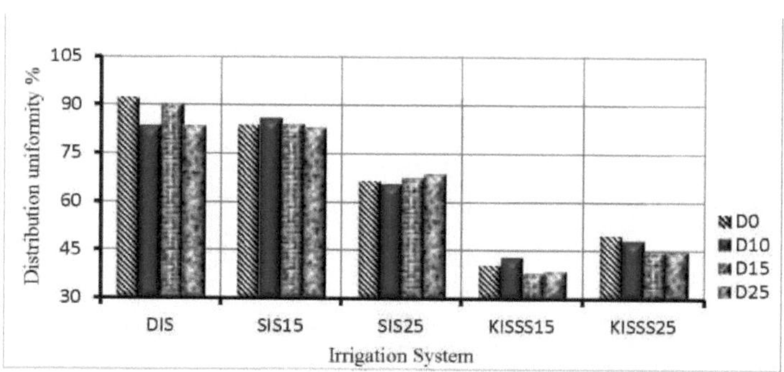

Figura A-14: Uniformidade de distribuição após 24h de irrigação a 100% do nível de irrigação à distância vertical dos emissores

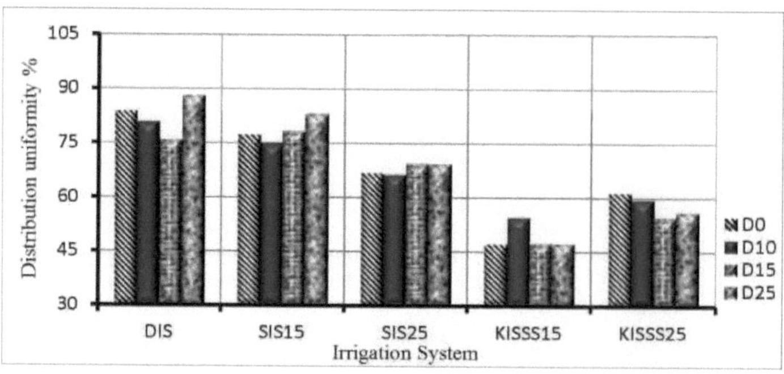

Figura A-15: Uniformidade de distribuição após 48h de irrigação a 100% do nível de irrigação à distância vertical dos emissores

Tabela A-9: Uniformidade de distribuição na direção horizontal a diferentes profundidades sob a superfície do solo e a 100% de nível de irrigação

Profundidade	DIS		SIS15		SIS25		KISSS15		KISSS25	
	24h	**48h**	**24h**	**48h**	**24h**	**48h**	**24h**	**48h**	**24h**	**48h**
7.5	89.36	90.84	89.99	94.06	92.87	97.24	98.85	98.24	98.29	97.76
20	79.02	82.53	90.44	86.48	96.51	93.25	97.45	98.25	97.84	97.54
30	82.43	91.01	83.76	83.31	85.05	94.65	84.08	90.90	88.58	93.16
50	77.87	88.10	86.72	87.09	91.76	89.21	92.94	93.32	95.60	88.27
Média	**82.17**	**88.12**	**87.73**	**87.74**	**91.55**	**93.59**	**93.33**	**95.18**	**95.08**	**94.18**
	85.15		87.73		92.57		94.25		94	k63

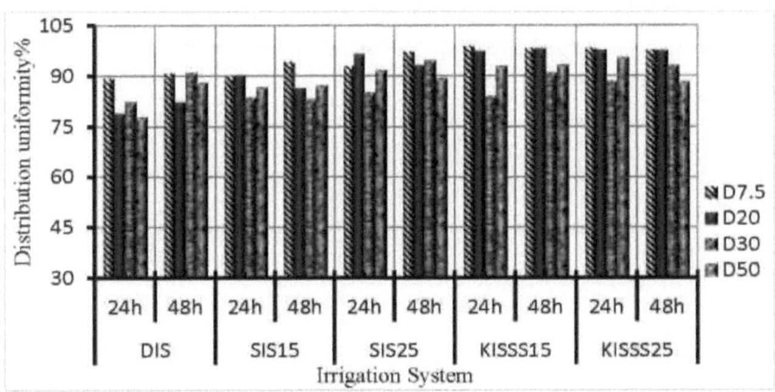

Figura A-16: Uniformidade de distribuição, após 24, 48 da irrigação, a 100% do nível de irrigação em profundidades horizontais sob a superfície do solo

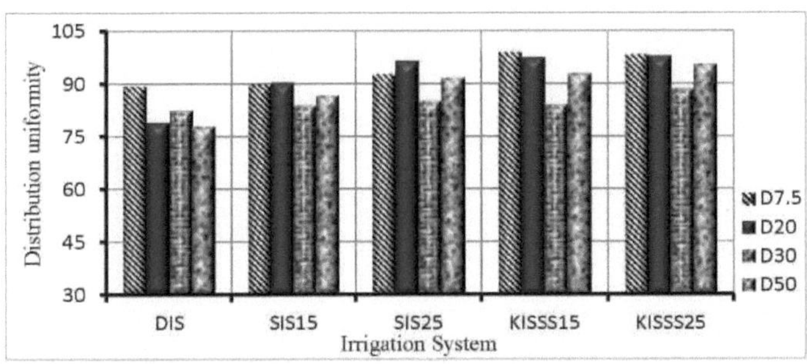

Figura A-17: Uniformidade de distribuição após 24h da irrigação a 100% do nível de irrigação em profundidades horizontais sob a superfície do solo

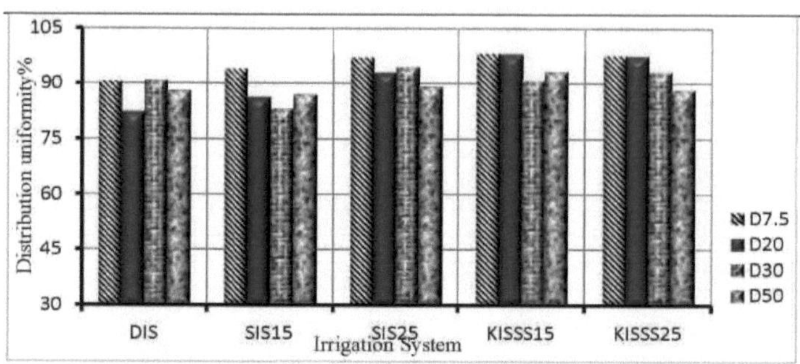

Figura A-18: Uniformidade de distribuição após 48h da irrigação a 100% do nível de irrigação em profundidades horizontais sob a superfície do solo

Printed by Books on Demand GmbH, Norderstedt / Germany